AF331517

CONTES

AUX

JEUNES AGRONOMES.

Dessiné et Gravé par Montaut.

Si tu découvres dans le ciel une nouvelle étoile,
tu me le diras demain.

ADOLPHE

ou
Le petit Laboureur

Ouvrage à l'usage de la Jeunesse.

PUBLIÉ

par Mme J. J. Trémadeure.

Dessiné et Gravé par Montaut

Paris

Didier, Libraire,

Quai des Augustins, N° 49.

ADOLPHE,

ou

LE PETIT LABOUREUR.

CHAPITRE PREMIER.

L'INCONNU.

Un matin le curé du village de Jarville, près Nancy, était à dé-jeuner, lorsqu'un jeune homme, qui n'avait pas voulu dire son nom, fut introduit dans la salle à manger par la gouvernante. Ce jeune homme avait une tournure élégante; il était vêtu avec une sorte

de recherche; mais sa figure, belle
et pâle, portait l'empreinte du chagrin. Il s'excusa de fort bonne grâce
de venir déranger M. le curé si
matin, et ayant pris le siége que la
gouvernante avait avancé pour lui,
il attendit qu'elle se fût retirée
pour adresser au curé, M. Lascour,
des questions dont celui-ci ne pouvait deviner le but. L'Inconnu s'in-
formait de chacun des habitans du
village, de leurs mœurs, de leurs
moyens d'existence et du nombre
de leurs enfans.

« Monsieur, dit M. Lascour,
avant de répondre à toutes ces
questions, permettez-moi d'abord
de vous demander si vous avez
pour objet de contenter une vaine

curiosité, ou bien de trouver quelque pauvre famille digne de vos
bienfaits et que vous désirez de re-
tirer d'une misère qui ne soit pas
le fruit du vice ou de la paresse ? »

L'Inconnu réfléchit un moment,
parut hésiter, et enfin il dit : «Monsieur, je fais aujourd'hui une dé-
marche si singulière... que je ne
sais comment m'expliquer. J'ose
cependant compter assez sur votre
indulgence et sur votre délicatesse,
pour espérer que vous voudrez bien
ne pas insister, lorsque je vous dirai qu'il m'est impossible de donner
des éclaircissemens qui en entraî-
neraient d'autres... Monsieur, voici
de quoi il s'agit. On désire de trouver une famille honnête, bien fa-

mée, bien unie, où règnent des
mœurs purent et l'amour du travail,
pour lui confier un enfant âgé seulement de trois ans. Cette famille
doit s'engager à ne tenter aucune
recherche sur le nom des parens
de l'enfant : elle le fera passer pour
le neveu du père ou de la mère, à
son choix, afin d'imposer silence
aux méchans et d'éviter à la curiosité maligne, l'occasion de s'exer-
cer sur le compte du pauvre petit.
Une somme de vingt mille francs
sera remise à cette famille ; c'est
toute la fortune de l'enfant. Vous
voudrez bien, Monsieur, car on
connaît votre bonté, prendre le
soin de faire que cette somme soit
employée à l'achat de la ferme des

deux Moulins, à vendre en ce moment; le surplus servira à se procurer des meubles et le bétail, les instrumens de labourage nécessaires pour l'exploitation de la ferme. Dans le contrat il sera stipulé qu'Adolphe est pour moitié seulement dans la mise de fonds; l'autre moitié doit servir à payer les soins et l'éducation qu'il recevra jusqu'à sa majorité. »

M. Lascour avait écouté attentivement l'Inconnu. « Monsieur, lui dit-il après un moment de silence, permettez-moi de vous demander, avant d'aller plus loin, qu'elle est la personne qui dispose ainsi du sort et de la fortune de cet enfant ? »

— Une personne, Monsieur, qui en a le droit, son père; et ce père, c'est moi... Monsieur, ajoute l'Inconnu en parlant plus vîte, comme s'il craignait quelque nouvelle question, je suis né simple paysan. Malheureusement une éducation mal entendue, puisqu'elle m'élevait au-dessus de mes parens, a développé un orgueil que leur faiblesse s'est plu à accroître... Telle fut la source première de mes folies... puis de mes malheurs. Du bien que je possédai jadis, il ne me reste que vingt mille francs. Je peux, en m'expatriant et en travaillant, espérer encore de rétablir ma fortune... Mais dois-je exposer mon fils aux hasards de l'existence aventureuse qui m'attend ?... Il n'a plus de mère... ma femme a péri en lui donnant le jour... Ma famille, que j'ai éloignée de moi par mon orgueil, ne ferait pas pour mon Adolphe ce que feront des étrangers auxquels je donne, en le leur confiant, occasion de le bénir... Je ne suis pas capable d'élever cet enfant; de l'élever surtout de manière à lui faire aimer l'obscurité, la vie des champs. J'en ai perdu le goût et l'habitude, et Adolphe n'est pas assez riche pour que je puisse songer à lui ouvrir une autre carrière. Qu'il soit paysan, comme le fut son aïeul; qu'il soit, comme son aïeul, laborieux, honnête homme, simple et bon, et un jour il me bé-

nira... au lieu de me maudire peut-
être !... »

En achevant ces mots, l'Inconnu
se couvrit la figure de ses deux
mains ; il paraissait être profondément ému ; le curé l'était aussi.
Rien ne touche davantage qu'un
repentir exprimé sans démonstra-
tions vaines, sans gémissemens et
sans affectation.

« Monsieur, dit le bon curé,
vous faites pour votre fils, à mon
avis du moins, ce qui convient le
mieux à votre position et à la sienne.
L'orgueil qui vous a égaré, me
semble avoir cédé la place à la raison, et je suis heureux que la Providence m'offre les moyens de vous
aider dans une circonstance de cette

importance : mais, Monsieur, je dois encore vous demander si votre intention est que votre fils ignore toujours le nom de son père ? Je ne saurais me prêter à la supercherie, innocente cependant, qui le ferait passer pour le neveu ou le parent de la personne que je compte vous indiquer comme digne de recevoir ce dépôt sacré. »

L'Inconnu répondit qu'il laissait à M. Lascour le soin d'arranger les choses de la manière qui lui conviendrait le mieux, en ajoutant : « Je désire seulement qu'Adolphe puisse se croire dans sa famille jusqu'à l'époque où il atteindra sa majorité ; que l'attention publique ne se fixe pas sur lui, et qu'à sa majorité seulement on lui remette un paquet cacheté dont je vous prierai, Monsieur, de vouloir bien être le dépositaire.

— Monsieur, reprit le curé, votre accent est celui de la franchise ; je crois tout ce que vous me dites ; si vous me trompez, que la faute en retombe sur vous !

— Je ne vous trompe pas, Monsieur, répondit l'Inconnu en appuyant la main droite sur sa poitrine. Adolphe est mon fils ; je lui donne tout ce que je peux lui donner, et je prends, après de longues réflexions, le seul parti qui me semble pouvoir assurer le bonheur de cet enfant. »

M. Lascour fit un geste d'assentiment comme pour témoigner qu'il était du même avis; puis il dit : « Mes paroissiens, c'est une justice à leur rendre, sont en général de braves gens, ayant des mœurs et de la probité : cependant je ne voudrais pas que votre Adolphe, Monsieur, fût confié à quelques uns d'entre eux qui me semblent peu propres à devenir les parens adoptifs de cet enfant; leur nouvelle prospérité pourrait peut-être les éblouir et leur inspirer une vanité qui les entraînerait tôt ou tard à leur ruine..... Mais, encore une question : votre désir est-il que votre fils soit élevé dans la profonde ignorance qui est malheureusement encore aujourd'hui le partage d'un trop grand nombre des habitans de la campagne ?

— Non, Monsieur. L'ignorance, comme le faux-savoir, est une source d'erreurs, de fautes, et quelquefois même de crimes.

— Je suis bien aise, Monsieur, que nous ayons sur ce sujet là même manière de voir, et cela m'encourage à vous recommander, comme digne de votre confiance, Pierre Duchêne, que des malheurs non mérités ont réduit, sinon à la misère, du moins à la pauvreté. Duchêne a été élevé par son père avec quelque soin. Il sait lire, écrire et un peu d'arithmétique. Dans le village il n'y a qu'une voix sur son compte et sur celui de sa femme, qui a eu une bien nombreuse famille. Elle soigne avec un zèle et un courage vraiment maternels les quatre enfans que le ciel lui a laissés. Duchêne est journalier; mais ayant été long-temps fermier, il s'entend à l'exploitation d'une ferme; sa femme Marguerite élève des vers à soie, et le produit de sa petite industrie, qui pourrait s'étendre si elle avait la possibilité d'y consacrer quelques fonds et plus de temps, l'aide à donner des vêtemens à toute la famille. La paix, le bon ordre, une douce union, règnent dans cette humble chaumière. Je vous y conduirai, si vous le désirez, afin que vous puissiez en juger par vos yeux...

— Monsieur, dit vivement l'Inconnu, la confiance que vous voulez bien me témoigner, excite la mienne. Duchêne tiendra lieu de père à mon fils. Veuillez avoir la bonté de faire savoir à Duchêne ce que j'attends de lui. Si vous le permettez, j'aurai l'honneur de vous voir demain pour terminer. Toutes les formalités nécessaires seront remplies, afin d'assurer à cette honnête famille la tranquille possession de la ferme des deux Moulins. Je n'essaierai pas, Monsieur, de vous témoigner ma reconnaissance; les paroles rendraient mal ce que je sens: mais croyez qu'en quelque lieu que le ciel me conduise, votre souvenir s'unira toujours dans ma pensée à celui de mon fils...»

Ayant dit ces mots, l'Inconnu fit un profond salut et se retira.

CHAPITRE II.

L'ENFANT GATÉ.

L'étonnement fut grand à Jarville lorsqu'on apprit que Duchêne allait devenir propriétaire de la ferme des deux Moulins. Personne ne voulait croire à cette nouvelle, qui fit bientôt le sujet de toutes les conversations des commères. «Il à donc gagné le gros lot à la loterie ! » disaient les vieilles femmes. —Non, disaient les mauvais sujets, c'est qu'il a fait le chien couchant, le bon apôtre auprès du curé.—Pourtant, disaient à leur

2*

tour les vieillards ; Duchêne ne se montre pas dans les processions comme tant d'autres ; il ne fait pas le dévot ; il est plus souvent aux champs qu'à l'église. » Et l'on se perdait en conjectures qui n'étaient rien moins que charitables, car l'envie s'en mêlait, et rien ne fait déraisonner et dire de vilaines choses comme l'envie.

Pendant ce temps Duchêne et Marguerite, qui prenaient encore leur bonheur pour l'effet d'un enchantement, s'établissaient à la ferme des deux Moulins, ainsi nommée parce qu'en cet endroit il y avait eu autrefois deux moulins. Le petit Adolphe faisait déjà partie de la famille, et rien ne le distinguait de ses parens adoptifs. Une jaquette de toile, un bonnet de laine posé souvent de travers sur sa chevelure blonde naturellement bouclée, des sabots et point de bas, excepté les fêtes et les dimanches où on lui en mettait ainsi que des souliers, composaient ses vêtemens de tous les jours. Sans être joli, il avait une de ces figures qui plaisent au premier coup-d'œil par l'expression de la franchise et de la bonté.

Peu de jours avaient suffi pour le rendre le favori de toute la famille. Marguerite, qu'il suivait partout, mangeait de baisers ses joues fraîches ; Jean et Remi, tous deux jumeaux et âgés de huit ans, ne se fâchaient point des malices du petit frère; Marie et Annette, plus jeunes de quelques années, jouaient avec lui et lui donnaient toujours raison ; et Duchêne enfin, lorsqu'il revenait le soir du travail, faisait aller Adolphe à cheval sur son genou, tant que l'enfant gâté le voulait.

A toutes les questions qu'on leur adressait, au sujet d'Adolphe, le mari et la femme donnant toujours pour réponse : *«c'est notre fieux !»* on se lassa bientôt d'essayer de découvrir qui était cet enfant et la source de la fortune subite de Duchêne; peu à peu les caquets des commères cessèrent; peu à peu on s'accoutuma à voir dans Adolphe le fils cadet de Marguerite et du fermier, et ainsi, sans avoir eu recours à aucune super-cherie; tombèrent d'eux-mêmes, comme l'avait prédit le bon curé, les propos des habitans du village, qui finirent par se lasser de faire d'inutiles conjectures ; d'autres évé-nemens arrivèrent ; d'autres ali-mens furent offerts à la curiosité publique, et le temps, en s'écou-lant, assura au fils de l'Inconnu l'obscurité et l'oubli que ce dernier avait désirés pour lui.

Duchêne cependant, loin de se laisser éblouir par sa nouvelle ai-sance, se livrait avec une activité sans égale aux travaux que deman-daient les terres dépendantes de la ferme des deux Moulins ; ces

terres se trouvaient enclavées entre d'autres terres appartenant à
divers propriétaires; elles formaient en tout cinq charrues, ou
soixante-quinze arpens, terrain
qu'on peut labourer dans l'espace
d'un an avec trois ou quatre chevaux seulement. Dans les terres
qui étaient en jachère, c'est-à-dire
qu'on laissait reposer jusqu'à l'année suivante, Duchêne faisait paî-
tre ses troupeaux de vaches et de
moutons sous la conduite d'un berger, qui ne ressemblait nullement à
ceux de l'Arcadie, que les poètes de
l'antiquité ont représentés comme
des modèles d'élégance, de bon goût
et d'esprit; Thomas pourtant ne
manquait pas d'esprit; mais quant

au bon goût et à l'élégance, il ne
s'en doutait pas le moins du monde.

Toutes les fois qu'Adolphe pouvait s'échapper et l'aller trouver au
milieu de ses moutons, il courait
rejoindre le berger et s'asseyait à
ses côtés pour écouter de longues
complaintes, des histoires effrayan-
tes de loups, de revenans, de sorciers, qui charmaient sa jeune ima-
gination, faisaient battre plus vite
son cœur, et troublaient parfois
son sommeil.

La seule ressemblance qu'on pût
trouver entre Thomas et les bergers de l'antiquité, qui furent partout les premiers astronomes, c'é-
tait une connaissance vraiment
remarquable des différentes cons-

tellations, de la place qu'elles oc-
cupent dans le ciel, de l'influenc
des astres sur les saisons, et un
divination due à une longue expérience et à des observations multi-
pliées, des signes précurseurs de
frimats ou de la chaleur, des orages ou du beau temps. La science
de Thomas charmait Adolphe, qui
obtenait quelquefois, depuis qu'il
avait atteint sa sixième année, la
permission de passer de temps en
temps la nuit dans la cabane du
berger, mais seulement pendant la
belle saison; car en hiver Marguerite ne voulait pas laisser son favori
exposé à tous les dangers d'un froid
rigoureux, et elle lui disait : « Laisse
dormir en paix les étoiles que

Thomas te montre le soir dans le ciel. Tu es trop petit pour l'aider à changer de place le parc aux moutons.» Et cependant Adolphe, qui aimait Thomas de tout son cœur et mettait souvent en réserve pour lui les friandises que maman Marguerite apportait de la ville à son enfant chéri, aidait tant qu'il pouvait, et en dépit de la neige ou de la glace, le pauvre Thomas à rapprocher où à éloigner les lourdes claies qui fermaient l'espace où paissait le troupeau sous la garde des chiens fidèles. A l'approche de la nuit il le quittait en soupirant et en répétant presque à chaque pas qui l'éloignait du berger: «Dors bien, Thomas! j'espère que tu ne

seras pas obligé de courir au loup
la nuit prochaine. Le parc est bien
fermé; Patau et Lion sont de bonne
garde... Dors bien, Thomas; si tu
découvres une nouvelle étoile, tu
me le diras demain.»

Et en retournant à la ferme, s'il
rencontrait son père et ses frères
revenant des champs avec les chevaux et les charrettes qui étaient
allés porter le fumier dans les
terres qu'on devait bientôt labourer, Adolphe se faisait placer à
cheval sur le timonier; son frère
Jean ou son frère Remi montait en
croupe pour le soutenir, et Adolphe brandissant dans sa petite main
le grand fouet de Duchêne, qui riait
de ses espiégleries, criait de tous ses

poumons : «Hue! diac, ho! hue!»

Il arrivait la figure bouffie et gersée par le froid; les pieds et les mains violets et engourdis; mais sans faire attention à ces maux passagers, il courait à l'écurie avec son père et ses frères pour les aider à donner du fourrage et de la paille fraîche aux chevaux et aux bestiaux, à enlever la litière de la veille et à la transporter dans la fosse au fumier.

«Tu seras un luron!» disait le père Duchêne, charmé de la vivacité, du zèle et de l'obligeance d'Adolphe.

— Oui, je serai un luron!» répétait Adolphe d'un air triomphant, et il gagnait des premiers

la salle basse servant à la fois de
salle à manger et de cuisine, où
Marguerite, aidée de ses filles, pré-
parait le repas du soir en chantant,
et servait sur la table couverte d'un
linge grossier mais propre, le souper de la famille que partageaient
les valets de charrue et les filles de
basse-cour. La fumée de la soupe
aux lentilles ou aux choux, et des
pommes de terre accommodées au
lard , flattaient agréablement l'o-
dorat des bruyans convives, dont
l'appétit robuste avait encore été
excité par le travail et par le froid.
On faisait honneur au talent de
Marguerite en fait de cuisine ; un
morceau n'attendait pas l'autre, et
la bière ou le cidre versés par

Duchêne d'une main libérale, ré-
paraient les forces épuisées, rani-
maient le courage pour les travaux
du lendemain, et le repas se termi-
nait comme il avait commencé, en
portant la santé du fermier, dont
les richesses n'avaient point endurci le cœur.

La place ordinaire d'Adolphe,
pendant le souper, était sur les
genoux de Duchêne, assis au coin
de la large cheminée où pétillait un
bon feu. Si le fermier disait à ses
garçons : «Mangez donc, vous autres !» Aussitôt Adolphe, renfor-
çait sa voix, criait, en l'imitant :
«Mangez donc, vous autres !» Puis
il riait, faisait mille et mille singe-
ries dont s'amusaient Duchêne,

3*

Marguerite, tout le monde; il chantait quelques-unes des complaintes que lui avait apprises Thomas; et l'on s'extasiait sur sa jolie voix, sur son excellente mémoire; caressé, flatté, chéri autant qu'aurait pu l'être le fils d'un prince, Adolphe, par calinerie, se laissait porter au lit comme un petit enfant, et après avoir récité un *pater* et un *ave*, il s'endormait en chantant.

Mais le lendemain il était debout au second chant du coq, et bravement il suivait son père et ses frères qui s'en allaient reprendre leurs travaux, répandre sur la terre non encore labourée le fumier, ou la marne, espèce de terre argileuse contenant des sels qui en font un

excellent engrais. Adolphe s'ima-
ginait faire la moitié de la besogne parce qu'il distribuait géné-
reusement des coups de fouet aux
chevaux attelés à la charrue; et Duchêne, par ses carresses et par ses
éloges, le confirmait dans cette
persuasion.

CHAPITRE III.

LES VERS A SOIE.

Les années de la première enfance d'Adolphe s'écoulaient ainsi bien paisiblement et dans une douce monotonie. La gaîté, la santé, brillaient sur sa figure toujours ouverte, toujours riante. On le gâtait à l'envi ; le bon curé lui-même aurait pu mériter quelques-uns des reproches qu'il adressait à ce sujet aux parens adoptifs d'Adolphe ; car Adolphe n'avait qu'à demander pour obtenir tout ce qu'il voulait chez *son bon ami* M. le curé, ainsi qu'il l'appelait.

Chaque dimanche , après la messe, il arrivait au presbytère en courant, et il remplissait ses poches de friandises que la gouvernante qui raffolait de cet enfant, avait mises de côté pour lui : mais si Adolphe aimait les bonnes choses, il oubliait bien rarement que les autres devaient les aimer aussi, et quelque petite que fût parfois la provision , il savait faire en sorte qu'il y en eût toujours assez pour que ses frères et sœurs pussent du moins y goûter; quant à ses camarades, c'était une autre affaire ; Adolphe ne se faisait pas scrupule de tromper la gourmandise de ceux qui , abusant de leur force , l'avaient maltraité dans leurs jeux ; il était avec eux aussi avare, aussi fier qu'il était généreux et compâtissant pour les enfans pauvres du village. Dans les querelles, ceux-ci, au gré d'A-dolphe, devaient toujours avoir raisons, et il se rangeait d'abord de leur côté, sans s'être donné le temps de s'informer du sujet de la dispute.

« Adolphe, disait quelquefois M. Lascour, cette conduite annonce en toi un bon naturel ; prêter appui à l'opprimé et au faible est d'une belle âme ; mais, mon enfant, ce n'est pas tout que d'être bon, il faut aussi être juste.

— Je vous assure, mon bon ami M. le curé, que presque toujours ce sont les enfans pauvres qui ont raison. On leur reproche d'avoir de vilains habits, ce n'est pas leur faute, et toujours, mon bon ami M. le curé, oui toujours, toujours, les disputes commencent et finissent par-là. Est-ce que c'est juste de ne pas vouloir qu'ils jouent : parce qu'ils n'ont sur le corps que de pauvres guenilles? Moi, ça me fâche; je prends leur parti, et voilà!»

Le bon curé, en souriant, pressait du dos de la main les joues animées d'Adolphe qui avait réponse à tout, et qui, même dans ses écarts, montrait toujours un bon cœur. Il était à la fois doux et pétulant, soumis et opiniâtre, sui-

vant la manière dont on s'y prenait avec lui. En parlant à sa raison, à son esprit déjà fort développé pour son âge, en parlant surtout à son cœur, on obtenait tout
d'Adolphe ; mais la sévérité, la
dureté le révoltaient, et quoiqu'il
n'eût encore que huit ans, il montrait déjà un caractère ferme, pro-
noncé, qui annonçait qu'un jour il
serait un homme, si l'on savait le
bien diriger.

Marguerite s'y entendait beaucoup mieux que son mari; celui-ci,
tout en gâtant Adolphe, exigeait
une soumission entière dès qu'il
avait parlé; mais Marguerite, plus
indulgente, se contentait quelquefois de l'apparence de la soumis-

sion, et bientôt l'enfant, honteux d'avoir fait de la peine à sa
mère par son entêtement, cher-
chait à réparer sa faute en obéis-
sant ou bien en l'avouant avec repentir; ce repentir n'avait pas toujours la durée d'un moment, et il
laissait souvent des traces assez
profondes pour retenir Adolphe
quand il était tout prêt à retomber
dans la même faute.

Jusqu'à l'âge où Adolphe venait
de parvenir, c'est-à-dire jusqu'à
huit ans, il avait passé son temps
comme le passent la plupart des
enfans, à s'amuser, à courir, à
manger et à dormir ; mais maintenant il était trop grand, à ce que
disait Marguerite, pour ne pas

travailler, du moins selon ses forces. Tantôt elle l'envoyait avec
ses filles porter la soupe à midi aux
ouvriers dans les champs, tantôt
elle l'employait à sarcler le jardin
potager de la ferme, ou bien elle
lui faisait faire quelque commission
dans le village ; ce dont Adolphe
s'acquittait toujours à merveille,
car il comprenait très bien tout ce
qu'on lui disait, et comme il ne
mentait jamais, Marguerite pouvait croire aux réponses qu'il lui
apportait , comme si elle-même
les avait entendues. Le meilleur
moyen d'empêcher l'enfant de s'a-
muser en chemin, c'était de lui
dire : « Adolphe, dépêche-toi, car
j'ai besoin de toi pour soigner mes

vers à soie. » Et Adolphe se dépê-
chait, afin que les pauvres vers à
soie ne fussent pas exposés à mourir de faim pendant son absence.
Il les aimait tant, que lorsqu'il en
mourait quelques uns, c'étaient
des pleurs qui duraient toute la
journée.

Marguerite, dont la famille était
originaire du midi de la France,
où l'une des principales branches
de l'industrie est l'éducation des
vers à soie, s'entendait parfaite-
ment à les élever et à les soigner.
Quatre mûriers blancs qui ombra-
geaient l'auge dans la cour, lui
fournissaient les feuilles nécessaires à leur nourriture, et elle avait
l'espoir de posséder dans quelques

années un plus grand nombre de ces petits animaux si industrieux, quand les haies de mûriers qu'elle avait fait planter autour du verger, seraient parvenues à leur plus grande croissance, et donneraient abondamment des feuilles.

Adolphe prenait un plaisir singulier aux soins minutieux, mais peu pénibles, qu'exige la conservation des vers à soie. Il sautait de joie lorsqu'il les voyait monter sur le filet couvert de feuilles fraîches qu'il venait de poser sur les planches placées au-dessus l'une de l'autre, comme les rayons d'une bibliothèque, et qui étaient garnies de grandes feuilles de papier relevées par les bords, formant

des espèces de boîtes dans lesquelles s'agitaient ses élèves comme
pour demander de la nourriture.

« Ma mère, ils me connaissent,
je vous assure, disait Adolphe.
Voyez comme ils lèvent la tête
lorsqu'ils entendent ma voix!......
Ah! mon Dieu, en voici un qui a
la jaunisse.....

— Non, répondait Margue-
rite, il va changer de peau, pour
la troisième fois, et les autres
aussi.

— Ma mère, pourquoi donc est-
ce qu'ils changent de peau comme
cela?

— Dam! c'est comme si tu me
demandais pourquoi nos poules,
nos pigeons, nos canards sont ma-

lades de la mue, c'est-à-dire pourquoi il faut qu'ils fassent de nouvelles plumes. Le bon Dieu l'a
voulu comme ça.

— Ça les rend bien malades,
ma mère, ces pauvres vers à soie!

— Oui, sans doute; ils passent
quelquefois trente-six heures sans
rien manger du tout et sans bou-
ger, si ce n'est pour se débarrasser
de leur vieille peau. Nos volailles
aussi ne mangent guères dans le
temps de la mue, et ça fait honte
à nous autres qui ne sommes pas
assez raisonnables pour nous passer de nourriture quand nous sommes malades. »

Adolphe ne répondait rien lorsque Marguerite faisait de sembla-

bles remarques, parce que plus d'une fois il lui était arrivé de mériter le reproche de n'être pas assez raisonnable pour faire diète, si une légère indisposition l'exigeait.

Pendant la quatrième et dernière mue des vers à soie, il fallait redoubler de précautions et de soins; leur donner des feuilles fraîches jusqu'à cinq ou six fois par jour dès qu'elle était finie, puis les surveiller, et guetter le moment où leur agitation annonçait qu'ils allaient bientôt chercher un endroit commode pour former leur cocon.

Adolphe, qui faisait bonne garde, courait alors avertir Marguerite; elle montait à la chambre située au midi, qu'elle nommait son *atelier*, et elle et Adolphe commençaient à prendre doucement les vers un à un, et à les porter sur d'autres rayons où l'on avait préparé des arcades en branches de genet ou de bois dépouillées de feuilles, mais garnies de leur écorce. Les vers à soie montant le long de ces branches, choisissaient eux-mêmes l'emplacement où ils voulaient s'établir, et alors portant la tête à droite, à gauche, en avant, en arrière, ils formaient, en filant, une espèce d'abri assez épais pour résister au vent et à la pluie, car ces petits animaux, originaires des Indes et de la Chine, étant destinés à vivre en plein air, ont été pourvus de l'instinct nécessaire pour se garantir des intempéries des saisons, et, dans une chambre bien chaude, bien fermée, ils conservent leurs habitudes; il se précautionnent contre le mauvais temps, comme s'ils étaient encore exposés aux changemens de l'atmosphère.

Adolphe passait des heures entières à les regarder travailler ; au milieu de cette première enveloppe, qui donne ce qu'on appelle la *bourre de soie*, chaque vers s'enveloppait peu à peu dans un cocon ayant la forme d'un petit œuf de couleur jaune vif ou jaune pâle, et ses cocons, si le soleil donnait dessus, brillaient comme autant de petites boules d'or. Mais ce qui désolait l'enfant, c'était la *barbarie* de Marguerite condamnant les trois quarts et demi de ses vers à soie à périr dans leurs cocons; elle les mettait au four bien chaud, et l'on entendait ces pauvres vers sauter comme les marrons qu'on n'a pas eu soin de fendre avec un couteau avant de les jeter au feu.

« Il faut bien les tuer, disait l'impitoyable Marguerite, ou bien ils perceraient leur cocon, et alors adieu la récolte de soie. Tiens, en voici que nous laisserons vivre; ils vont sortir en papillons, et ils nous donneront de la graine pour l'année prochaine. »

Et Adolphe attendait impatiemment le moment où le vers à soie, devenu papillon, sortirait de son cocon pour vivre quelques instans, déposer ses œufs et périr presque aussitôt. Ces œufs, Marguerite les recueillait sur des morceaux d'étamine, et au printemps suivant, à l'époque où les mûriers commencent à se couvrir de bourgeons, elle les répartissait dans de petites boîtes garnies de papier qu'elle plaçait ensuite sous de la paille dans le nid des poules couveuses : celles-ci faisaient éclore, sans s'en douter, ces petits vers, pas plus gros d'abord qu'un fil, mais qui se développaient et grandissaient bientôt, grâces aux soins d'Adolphe et de sa mère adoptive.

Maintenant Marguerite était trop occupée, ainsi que toute la famille, pour s'amuser à dévider la soie de ses cocons; elle préférait aller vendre à Nancy sa récolte; mais pour l'amusement de ses enfans, elle leur en laissait quelques uns, et Adolphe s'émerveillait de la longueur de ce fil délié qui a de sept à neuf cents pieds, et qu'on dévide si aisément sans qu'il casse, l'on a eu soin de faire bouillir d'abord dans de l'eau les cocons; par ce moyen on obtient ce qu'on appelle de la *soie cuite*, c'est la plus belle et celle qu'on emploie de préférence dans nos fabriques; la *soie crue*, qui nous vient en abondance du Levant, est celle qu'on dévide sans faire bouillir les cocons dans de l'eau pure ou dans de l'eau de savon.

« Ces pauvres petites bêtes! disait Adolphe; comme elles travaillent!

— Oui, plus que toi, disait Duchêne. Voilà deux jours qu'on n'est pas allé à l'école. Si l'on n'y va pas demain, on aura affaire à moi! »

Adolphe soupirait, car ce qu'il aimait le moins, c'était d'apprendre à lire et à écrire; mais il le fallait pourtant, car Duchêne et Marguerite le voulaient absolument.

CHAPITRE IV.

LES FOINS.

« Oh ! que je serai content, se disait Adolphe en partant le lendemain pour l'école, quand j'aurai fait ma première communion, et quand je ne serai plus obligé d'aller étudier chez M. le Curé ! »

Tout en marchant il poussait de gros soupirs, regardait en arrière, et enviait à ses frères le bonheur de s'en aller travailler aux champs avec leur père. Si par malheur Adolphe rencontrait quelque camarade aussi peu amateur que lui de

la *littérature*, il lui arrivait assez
fréquemment de se laisser entraî-
ner à faire l'école buissonnière.
On prenait un sentier conduisant
au petit bois où il y avait des noi-
settes et des fraises en très grande
abondance; on s'assayait sur l'herbe pour manger gaîment, dans un
seul repas, les provisions données
pour la journée par les mamans,
et puis on jouait de bon cœur, ou
bien on allait écouter les complaintes, les histoires si amusantes de
Thomas; quelquefois on faisait la
rencontre d'autres petits vauriens
qui, moins bien élevés qu'Adolphe, dépouillaient les vergers,
mettaient en fuite à coups de pier-
res les dindons, les oies paissant

paisiblement. Alors Adolphe, honteux de la conduite de ses camarades, les quittait pour se rendre
à l'école, quoique l'heure fût depuis long-temps passée, et **M.** le
Curé grondait, et Adolphe était
mis à genoux aux yeux de tous,
avec une belle paire d'oreilles
d'âne. Ces jours-là il rentrait tout
honteux à la ferme. Duchêne grondait à son tour; Margnerite, sévère quand il le fallait, ne donnait
à Adolphe pour son dîner que
du pain sec; il était obligé de le
manger assis dans un coin de la
cuisine, sur une escabelle, et sans
autre assaisonnement que l'odeur
appétissant des mets servis sur la
table pour tout le monde, lui ex-

cepté : de grosses larmes alors gon-
flaient ses paupières ; mais il se re-
tenait de pleurer tant qu'il pouvait, faisait bonne contenance et
dissimulant, sous un petit air grave
et tranquille, le chagrin qu'il éprouvait.

La pénitence se prolongeait le
reste du jour ; on interdissait au
petit mauvais sujet l'approche de
la laiterie où Marguerite travail-
lait à faire du fromage, du beurre,
et surveillait les filles de basse-
cour levant la crême du lait, et
préparant de petites cruches et de
grands pots de fer-blanc pour porter le lendemain à la ville, et le
lait et la crême : c'était une rude
punition pour Adolphe, qui, en

sa qualité de cadet, avait toujours pour sa part le fond des terrines, de bonnes cuillerées de fromage à la crême, et un gros morceau de beurre tout frais. Venait ensuite le souper, qui consistait pour lui en un morceau de pain sec comme le dîner, puis il fallait aller se coucher sans être embrassé par personne.

Quelquefois le dépit suggérait de bien vilaines pensées à Adolphe; mais comme ce dépit l'empêchait de dormir, il avait le temps de faire des réflexions qui le ramenaient bientôt à la raison. Adolphe sentait que le traiter ainsi, c'était être juste à son égard, qu'il avait bien mérité sa pénitence, et que s'il continuait à répondre si mal aux bontés de **M.** Lascour pour lui, on deviendrait de plus en plus sévère ; que même on pourrait bien finir par ne plus l'aimer du tout. Au lieu donc de persister dans la résolution qu'il avait formée d'abord de se montrer le lendemain boudeur et opiniâtre, il tâchait, par sa bonne humeur, par sa douceur et par son obéissance, de faire oublier les torts de la veille ; et bien des jours, quelquefois même bien des semaines s'écoulaient, sans qu'on eût la moindre chose à lui reprocher.

Mais c'était surtout à l'époque où l'on fait les foins qu'Adolphe souhaitait avec ardeur d'être déjà à

l'âge où il pourrait dire adieu à l'é-
cole et partager aussi, lui, des travaux souvent pénibles et que la
gaîté anime pourtant. Peu touché
des soins du bon curé, parce qu'il
n'en connaissait pas encore le prix,
Adolphe, qui maintenant venait
prendre au presbytère des leçons
particulières d'écriture, d'orthogra-
phe et de calcul, éprouvait plus
d'une distraction lorsqu'il entendait retentir au loin dans les prairies les chansons joyeuses des faneurs et des faneuses. Quelquefois
M. Lascour, quand Adolphe avait
bien étudié, lui permettait de s'en
aller de meilleure heure que de
coutume, permission dont l'enfant
profitait avec empressement. Il

courait tout d'une haleine rejoindre la famille, occupée à couper et
à faner le foin. Duchêne était à la
tête des faucheurs, ses fils à la tête
des faneurs, armés de longs rateaux
et de fourches, la tête couverte d'un
grand chapeau de paille, n'ayant
pour tout vêtement qu'une che-
mise et un pantalon de toile. La
sueur ruisselait de tous les fronts ;
on était en plein champ, sans aucun abri contre les rayons brûlans
du soleil ; mais on n'en chantait
pas moins, mais on n'en riait pas
moins de bon cœur. Adolphe, aussi
bon travailleur que ses frères, qui
étaient cependant bien plus âgés
que lui, tournait et retournait
comme eux l'herbe nouvellement

fauchée, pour la faire sécher plus vite; ou bien il en formait comme eux de petites meules, afin de débarrasser le terrain, et de laisser ainsi à l'humidité la facilité de s'évaporer jusqu'au lendemain, où l'on revenait étendre de nouveau le foin à moitié sec, et l'exposer encore à l'ardeur du soleil.

A midi Marguerite, Marie, Annette et les filles de basse-cour, venaient apporter le dîner aux faneurs; on s'asseyait à l'ombre d'une haie, et l'on dévorait, d'un appétit sans égal, les vivres frais, le gros pain noir qu'on trouvait délicieux. On riait, on chantait, on racontait des histoires, puis on se couchait pêle-mêle pour dormir une demi-heure afin de se reposer un peu, et au signal donné par le chef, tout le monde se remettait à l'ouvrage.

Quelquefois un orage, qui se formait à l'heure du repas, venait faire abandonner aux faneurs leur dîner à peine commencé. Chacun se hâtait de réunir le foin presque sec, non plus en petites meules, mais en meules énormes de forme pyramidale; sur lesquelles la pluie tombe sans pénétrer dans l'intérieur : dans le réduit qu'on y avait ménagé, on se réfugiait au nombre de trois ou quatre, emportant chacun sa part du dîner, et l'on se livrait à une folle gaîté, tandis que des torrens de pluie inondaient

toute la campagne; mais les peu-
reux ne mangeaient pas et ne
riaient point; le tonnerre gron-
dant au loin, les éclairs éblouis-
sans, leur faisaient jeter des cris
qui excitaient les railleries de leurs
compagnons plus courageux. Cependant en voyant le tonnerre
tomber à peu de distance sur un
arbre, et le briser comme un frêle
roseau, Adolphe se cachait la tête
dans le foin en criant à son tour;
Duchêne devenait sérieux, et chacun bénissait tout bas le ciel de
l'avoir préservé du danger. Mais
une fois l'orage passé, on oubliait
la foudre, les éclairs, pour se re-
mettre à l'ouvrage avec une nouvelle vigueur, car cet orage avait

rafraîchi l'air, et la terre exhalait
de toute part un parfum délicieux;
les oiseaux faisaient résonner les
haies et les bocages de leurs doux
concerts, et toute la nature se ra-
nimait ainsi que l'homme, abattu,
épuisé par la chaleur étouffante
qui avait précédé cette pluie bien-
faisante. On l'avait à la fois dési-
rée et redoutée, parce que souvent les orages sont suivis de pluies
continuelles qui détruisent les es-
pérances du laboureur, et le pri-
vent du fourrage si nécessaire pour
nourrir l'hiver son bétail et ses
chevaux.

Mais si rien ne venait contra-
rier les travaux de la récolte,
on voyait au bout de quelques

jours d'énormes voitures arriver des champs à la ferme; elles étaient remplies de foin bien sec, qu'on déchargeait dans la cour; on en faisait de grosses bottes, et on les montait au grenier à l'aide de la poulie. Adolphe s'arrangeait toujours de manière à être de chaque voyage; il arrivait, juché tout en haut de la voiture, soufflant dans une corne à bouquin que sa mère lui avait apportée de la ville; puis il allait se rouler dans le grenier sur les bottes de foin, en regrettant qu'on ne lui permît pas d'aider à faire tourner la poulie; puis il retournait aux champs pour revenir bientôt de la même manière, et Dieu sait comme il s'amusait, comme il s'en donnait avec ses sœurs et ses frères qui souvent l'enveloppaient de foin, voulant, disaient-ils, le lier en botte, et l'envoyer au grenier par le chemin le plus court.

Le soir à souper on riait moins parce qu'on était fatigué, et l'on s'endormait dès qu'on était au lit, pour ne faire qu'un somme jusqu'au lendemain à la pointe du jour.

CHAPITRE V.

LE PETIT LABOUREUR.

Plus Adolphe avançait en âge, plus il devenait utile à ses parens adoptifs. Tout le monde lui donnait l'exemple du courage, du travail, et il prenait un goût de plus en plus vif pour cette existence active qui ne laissait pas la moindre prise à l'ennui. Adolphe n'était plus un enfant; il avait douze ans; il venait de faire sa première communion, et maintenant chacun le traitait avec une considération qui l'excitait à se conduire

de manière à continuer de la mériter toujours.

« Mon père, disait Adolphe,
tout fier d'être à présent un *jeune
homme*, aux prochaines semailles
vous me permettrez, n'est-ce pas,
de conduire la charrue, et de labourer moi seul le champ du petit
bois ?

— Oui, mon garçon, répon-
dait Duchêne. Désormais te voilà
en âge de travailler comme il faut.
Qui sait si un jour tu n'auras pas
une ferme à faire valoir à toi tout
seul ? Cette année tu nous as été
bien utile pour la moisson; mais
ce n'est pas le tout que de recueillir, il faut d'abord labourer et se-
mer. Voici venir le mois d'octo-

bre ; tu prendras dans l'étable Gri-
son et Rouroux ; tu les mettras toi-
même à la charrue, et tu t'en iras
travailler la terre sans que personne
s'en mêle ! »

Adolphe à ces mots sauta de
joie ; il était enfin arrivé le jour
où il allait faire, comme ses frères
l'avaient fait avant lui, la première épreuve de ses forces : car
tel était l'usage de Duchêne, et
c'était ainsi qu'il avait recompensé
tour-à-tour ses enfans de leur bonne
conduite. Marguerite en usait de
même à l'égard de ses deux filles ; elle leur avait confié peu à
peu l'inspection des différens travaux du ménage, et chacune d'elles avait maintenant *sa semaine*,

pendant laquelle tout roulait sur la *semainière;* la punition, quand on s'était rendu coupable de quelque négligence ou de quelque oubli, était de perdre son tour, et de se trouver en sous-ordre quinze jours au lieu de huit.

Pendant long-temps Adolphe avait partagé les travaux des femmes; pendant long-temps il avait regardé comme une grande récompense de sa sagesse, la permission d'aller avec Marguerite ou ses filles, vendre le matin à la ville le lait, les œufs, le fromage, le beurre frais, ou bien de les accompagner sur la charette les jours de marché; mais à présent Adolphe était un homme: ce genre d'occupation ne

pouvait plus lui convenir; il devait désormais labourer, ensemen-
cer, panser les bestiaux, les chevaux, accompagner son père aux
ventes de troupeaux, apprendre à
connaître les bœufs, les vaches,
les chevaux, les différentes races
de moutons, et à vendre avanta-
geusement le produit de la tonte :
il devait encore se tenir au courant
du prix du bled, surveiller les
moissonneurs, les batteurs en grange, faire faire la récolte de pommes pour le cidre, celle du hou-
blon pour la bière, s'assurer si
elle serait suffisante pour les besoins de la maison, si elle les sur-
passerait, et alors, par des échanges
avantageux, se procurer avec le

superflu en ce genre, ce qui manquait dans un autre genre.

Duchêne , ami de l'ordre et de
la prévoyance, était pour ses enfans un excellent précepteur. Sa-
chant lire , écrire et compter, il
avait des livres et les tenait dans
le plus grand ordre ; et Adolphe
commençait à comprendre enfin à
quoi pouvait servir l'éducation
qu'il devait aux soins constans de
M. Lascour ; il comprenait enfin
combien il est précieux pour tout
le monde de pouvoir faire ses af-
faires soi-même, et de n'être pas
obligé, comme l'étaient la plupart
des habitans de Varville, d'avoir
recours à un voisin pour lire une
lettre, pour en écrire une ou pour

calculer ses revenus, ses dépenses, et régler les dernières sur les premiers, sans avoir à craindre de s'être trompé. Adolphe ayant beaucoup de facilité, et ses parens adoptifs, maintenant qu'ils jouissaient d'une grande aisance, ayant pu faire pour lui, en l'envoyant long-temps à l'école, bien plus qu'il ne leur avait été possible de faire pour leurs enfans, déjà grands lorsque la fortune avait commencé à leur sourire, savait lire et écrire beaucoup mieux que ses frères et sœurs : aussi c'était Adolphe qui faisait souvent les frais des longues veillées d'hiver, en lisant haut, à la famille assemblée, des livres d'histoire et de

voyage fort amusans que lui prêtait le curé. M. Lascour, ami de
lettres et des découvertes nouvelles, était abonné à un journal d'a-
griculture ; du presbytère ce journal arrivait à la ferme, et comme
Duchêne n'était point un sot ni un
entêté, s'obstinant à ne faire que
ce qu'avaient fait ses pères, il profitait des lumières des *théoriciens*,
c'est-à-dire, des gens qui connaissent les arts sans les pratiquer,
pour tenter en petit des améliora-
tions que bientôt il tenait en grand
lorsqu'elles avaient réussi ; aussi
voyait-il tout prospérer autour de
lui : et déjà, grâces à son travail et
à son activité, il avait pu déposer
entre les mains de M. Lascour,

une partie de la somme qui lui avait été remise pour acheter la ferme; mais personne n'en savait rien, excepté pourtant Marguerite, et tous deux ils se réjouissaient en se disant qu'Adolphe, à sa majorité, se trouverait aussi riche que lorsqu'on le leur avait confié, puisqu'il ne leur resterait plus à lui rembourser qu'environ les dix-mille francs placés en son nom sur la ferme des Deux-Moulins.

« C'est ce que nous ferons, avec l'aide de Dieu, disait Duchêne. Les dix-mille francs qu'on nous a *donnés* pour élever cet enfant, n'étaient pour moi qu'un *prêt*. Dieu merci ils ont prospéré entre mes mains, et le pauvre petit ne

sera pas dépouillé, comme le voulait son père, de la moitié de son
avoir. »

Tels étaient les sentimens généreux qui animaient les deux époux,
et Adolphe qui ne se doutait pas
qu'il serait riche un jour, travail-
lait tant qu'il pouvait à mériter la
confiance et l'estime de ceux qu'il
regardait comme ses parens.

Dans les premiers jours du mois
d'octobre, il sortit un matin de la
cour de la ferme, conduisant d'un
air fier les chevaux attelés à la charrue, et il se rendit au champ du
petit bois, pour y tracer les sillons
destinés à recevoir les semailles ou
grains de blé, qui rapportent quelquefois au laboureur deux ou trois

cents pour un. Annette seule accompagnait Adolphe; elle portait dans sa hotte un sac plein de seigle.

Tandis que le petit laboureur faisait arrêter ses chevaux et abaissait vers la terre le soc tranchant de la charrue, destiné à la creuser profondément, Annette se débarrassait de son fardeau, et ayant relevé dans sa ceinture les deux bouts de son tablier, elle le remplit de grains, puis elle attendit qu'Adolphe eût commencé à tracer le premier sillon pour le suivre, en y jetant les semailles d'une main libérale; car il faut faire pour ainsi dire la part aux oiseaux dévastateurs qu'on voit voler souvent en bandes nombreuses au-dessus du champ où travaille le laboureur, et qui s'abattent hardiment sur les sillons, dès que lui et la *semeuse* sont un peu éloignés.

Annette, âgée maintenant de seize ans, et assez moqueuse, faisait à son frère, en le suivant, mille et mille malices; elle le plaisantait sur son sérieux imperturbable, prétendant qu'il ne lui manquait qu'une belle barbe blanche pour être tout-à-fait respectable, et pour ressembler complètement à ce vieux Romain dont il leur avait lu l'histoire dans les livres que leur prêtait M. le Curé, et qui avait renoncé de si bon cœur aux grandeurs pour reprendre la charrue. Mais rien, ce jour-là, ne pouvait

ne te manque qu'une barbe blanche pour ressemble
à ce Romain dont tu nous a lu l'histoire.

exciter la gaîté d'Adolphe : tout à ce qu'il faisait, il animait les chevaux dociles, tantôt du fouet, tantôt de la voix, les guidant d'une main ferme, et traçant, autant que possible, les sillons en ligne droite et bien régulièrement.

Duchêne, à son retour des champs, vint voir comment le petit laboureur se tirait d'affaire ; il n'eut que des complimens à adresser à Adolphe, qui, ayant fini sa tâche, revint à la ferme tout content de lui-même.

Le lendemain Adolphe partit de grand matin, conduisant ce jour-là, non pas la charrue, mais la herse, espèce de grand râteau carré dont les dents brisent les mottes de terre, les rabattent dans les sillons creusés la veille, et enfoncent dans le sol le grain, qui, germant vers la fin de l'hiver, couvre les champs d'un épais tapis de verdure, bien long-temps avant l'époque où les haies et les bois commencent à reprendre leur belle parure.

Adolphe, proclamé digne de participer désormais aux travaux de son père et de ses frères, les aida les jours suivans à labourer les autres pièces de terre qui dépendaient de la ferme; puis on acheva la récolte des utiles pommes de terre, si long-temps dédaignées dans quelques provinces de la France; on en planta pour l'année suivaute, en ayant soin de laisser entre chaque plant un espace de quelques pouces, et enfin à la Toussaint, une partie des travaux d'automne étant finie, on se régala le soir, assis autour d'un bon feu, de boudins frais, de châtaignes bouillies trempées dans du lait, et de marrons rôtis arrosés de cidre doux.

Les voisins, les voisines, qu'on avait vus le matin en allant à la messe, avaient été invités à venir prendre leur part du régal : les jeunes gens dansaient des rondes, pendant que les vieillards devisaient sur la récolte et sur la dernière foire de Strasbourg, où quelques-uns étaient allés conduire des bestiaux, et lorsque l'heure de se coucher fut arrivée, chacun se retira chez soi, les uns en vantant le bon naturel de Duchêne et de sa femme, qui n'étaient pas devenus *fiers* du tout en devenant riches; les autres en exerçant leur malice aux dépens de toute la famille, qui les avait pourtant reçus de son mieux : c'est ce qui arrive au village comme à la ville, parce qu'au village comme à la ville il y a toujours des sots, et des envieux surtout, exerçant leur basse méchanceté, et se vengeant par la médisance, quelquefois même par la calomnie, des politesses ou des bienfaits dont ils ont été l'objet. Ainsi est fait le monde d'un bout du globe à l'autre.

CHAPITRE VI.

LES MOISSONS.

Dans les villes, c'est quelquefois avec indifférence qu'on voit tomber la pluie ou la grêle au mois de février et de mars ; mais cette indifférence n'est point partagée par l'habitant des campagnes : les pluies abondantes font souvent pousser en herbe, avec trop de vigueur, le froment, le seigle et l'orge, qui alors donnent peu d'épis ; la grêle détruit souvent en un instant l'espérance du laboureur ; et lorsqu'enfin ces deux fléaux ont épargné les champs, des brouillards humides et froids empêchent la fleur de se développer, le grain de se former, et au temps de la moisson on ne recueille que des épis vides.

Le père adoptif d'Adolphe n'était pas plus qu'un autre à l'abri de ces malheurs auxquels sont exposés les cultivateurs, et dont toute la prévoyance humaine ne saurait les garantir; mais si quelquefois ses champs avaient été grêlés, ou si l'abondance des pluies l'avait obligé de transformer en fourrage pour ses bestiaux, en pâturage pour ses moutons, le blé qui aurait dû lui donner une belle récolte, il avait pu du moins, sans manquer du nécessaire, supporter ces différentes

pertes. Il n'en était pas ainsi pour
la plupart des habitans de Jarville :
presque tous étaient pauvres; mais
jamais aucun des membres de la
famille Duchêne n'entendait par-
ler du malheur arrivé à quelque
voisin, sans que le chef n'essayât
d'y porter remède. La prospérité
n'avait point endurci son cœur ni
celui de Marguerite; leurs enfans,
naturellement bons et encouragés
par l'exemple de leurs parens, ai-
maient aussi à faire le bien, et
Adolphe, surtout, montrait une
ame compatissante, généreuse, qui
prenait plaisir à soulager comme à
protéger les infortunés,

« Venez à la ferme des Deux-
Moulins, disait-il souvent aux pau-

vres qu'il rencontrait, soit dans le village, soit dans les champs; mon père vous donnera du pain et de l'ouvrage.» Et toujours Duchêne tenait les promesses faites par son fils Adolphe. L'hiver il était plus difficile de trouver de l'occupation aux pauvres : cependant ceux qui voulaient travailler étaient employés à la ferme selon leurs talens ou leurs forces, à teiller du chanvre, à l'éplucher, à raccommoder les instrumens de labourage, les harnois des chevaux, à remuer le blé dans les greniers ou dans les granges, afin de le préserver des attaques meurtrières du *charençon*. Ce petit insecte noir introduit sa trompe pointue dans

le grain, en dévore la partie fari-
neuse, et finit par se faire une ha-
bitation du grain qu'il a vidé, et
qui, à l'extérieur, paraît aussi plein
que les autres. Il fallait aussi cri-
bler le seigle, très sujet à une maladie nommée *ergot* en Sologne,
ébrun en Bourgogne, et *blé cornu*
dans le Gatinais, et qui est le produit des saisons humides et plu-
vieuses. Les épis attaqués de cette
maladie sont reconnaissables à
leur difformité. Les grains *ergotés*
se trouvent beaucoup plus longs
que les autres: ils poussent presque tous contrefaits et tortus, et
au lieu de contenir une nourriture
abondante et saine, ils renferment
un poison qui n'est pas cependant

aussi dangereux qu'on le prétend généralement. Dans les années abondantes, les laboureurs ont soin de séparer les grains *ergotés* du bon grain, en se servant du crible; méthode assez expéditive et assez sûre, parce que les premiers étant plus gros que les grains sains, restent dans le crible qu'on agite comme les paniers à vanner. Dans les années de disette, le blé *ergoté* est employé comme le reste, et c'est à son pernicieux usage qu'on attribue la plupart des maladies qui alors affligent et dépeuplent les campagnes.

Mais à l'hiver succédait le printemps, et alors il fallait des bergers pour conduire les troupeaux

dans les prairies ; il fallait des ouvriers pour débarrasser les champs
des chardons et de la mauvaise
herbe ; il en fallait aussi pour bê-
cher le terrain où l'on semait des
légumes de toutes les espèces : enfin venait l'époque des récoltes,
véritables jours de fêtes, et en
même temps de rudes travaux. On
voyait arriver alors des faucheurs,
puis des moissonneurs, qui ne font
autre chose chaque année, que de
parcourir les différentes provinces
de la France pour trouver de l'ouvrage, et pour tâcher de gagner,
dans une saison, de quoi subvenir
aux besoins des trois autres. Ces
moissonneurs, qui portent la faux
ou la longue faucille sur l'épaule,

connaissent par habitude et par instinct, plutôt que par réflexion ou
par calcul, les époques où se font
les moissons dans chaque pro-
vince ; car la récolte du blé n'a pas
lieu partout au même moment, et
c'est du midi où elle est plus précoce, qu'ils partent pour se diriger vers le nord : souvent, en revenant, ils se transforment en ven-
dangeurs, afin d'augmenter leur
petit trésor et de subvenir aux frais
du voyage. Leurs femmes, leurs
enfans, les accompagnent rarement
dans ces longues excursions ; ils at-
tendent impatiemment, dans leur
pauvre chaumière, le retour du
chef de famille ; quelquefois ils l'at-
tendent en vain, et n'apprennent

que long-temps après, que s'étant imprudemment vanté du gain qu'il avait fait, il a été assailli, assassiné, puis dépouillé au coin de quelque haie. Telles étaient du moins les histoires que l'on racontait souvent dans les veillées, et alors le père Duchêne disait que toujours il avait préféré d'employer les habitans du village ou des environs, à ces moissonneurs ambulans, qu'on accuse parfois avec injustice de n'être pas de très bons sujets; mais s'il s'en présentait à la ferme, on accueillait de préférence ceux qui portaient les livrées de la misère. « Nous avons été misérables comme eux, disait le père Duchêne, et, pour cela, nous n'en

étions pas moins honnêtes gens ;
pourquoi ne le seraient-ils pas aussi?
L'habit ne fait pas le moine.....
Pourtant, Marguerite, et vous enfans, ajouta-t-il, soyez plus soi-
gneux que de coutume ; surveillez-
les sans faire semblant de rien, et
tâchez de ne pas leur donner, par
votre négligence, la tentation de
mal faire. »

Adolphe, cette année, était dans
l'enchantement ; le champ qu'il
avait labouré et ensemencé avec le
secours d'Annette, était couvert
des plus beaux épis qu'on pût voir,
et il n'y avait pas un seul grain
d'*ergoté*.

« Mon père, dit-il à Duchêne,
vous me permettrez, n'est-ce pas,

de faire ma moisson avec les ouvriers que je choisirai ?

— Oui, répondit Duchêne ; et
comme l'année est bonne, je te
permets de mettre à part ta récolte, de la vendre séparément de
la nôtre, et d'employer cet argent
à ce que tu voudras. »

Adolphe bondit de joie. Comme
la laitière de la fable, il faisait mille
et mille projets. D'abord il voulait
mettre de côté telle somme, sans
spécifier à quoi il la destinait ; puis
il acheterait à son père une belle
pipe de faïence ; à sa mère un beau
cœur d'or, plus beau que celui qui
surmontait la croix ou janette
qu'elle portait au cou, suspendue

à un étroit velours ; son frère Jean
aurait une ceinture rouge ; son frère
Remi, une casquette à la mode de la
ville ; sa sœur Marie, un joli fichu
d'indienne ; et sa sœur Annette, un
bonnet garni de dentelles.

« Et toi ? demanda Marguerite,
à qui Adolphe faisait ses confi-
dences.

— Moi, répondit Adolphe, j'aurai le plaisir de vous avoir fait plaisir à tous. »

Il fut tendrement embrassé pour
cette réponse par la bonne Marguerite, qui lui dit : « Tu as le
cœur d'un prince, mon garçon.....
mais prends garde de te laisser du-
per !.. Qu'est-ce que c'est, dis-moi,

que cette espèce de monsieur que
tu vas voir tous les jours chez la
mère Geneviève ? »

Adolphe rougit et se troubla en
voyant que sa mère savait ce secret
qu'il croyait ignoré de tout le
monde ; mais se remettant aussitôt,
il répondit : « C'est un monsieur
qui a été bien riche autrefois.... Il
est pauvre à présent... Il sait toute
sorte de choses, et comme il m'a
pris en amitié....

— C'est bon, dit Marguerite ;
nous causerons de cela un autre
jour. Seulement, mon garçon, ne
va pas lui donner l'argent que tu
veux mettre en réserve sur le produit de ta récolte.

— Pourquoi non, ma mère ? Il

en a bien besoin, je vous assure

— Est-ce qu'il te l'a dit ?

— Non, ma mère, il ne me l'a pas dit. »

Marguerite embrassa encore une fois Adolphe, et s'en alla sans en demander davantage.

Bientôt commencèrent les moissons. Partout on voyait tomber sous la faucille le blé aux longs épis dorés; partout les champs étaient couverts d'hommes, de femmes, d'enfans, bravant les ardens rayons du soleil. Ils sont baignés de sueur, et n'osent étancher dans le ruisseau voisin la soif qui les dévore. Dès l'aurore ils étaient à l'ouvrage; à midi seulement ils prennent un peu de repos à l'ombre de quelques gerbes amoncelées, et alors on leur apporte, du village, de la soupe au pain blanc, des légumes cuits avec un peu de viande salée, de l'eau où l'on a versé quelques gouttes de vinaigre. Une heure de sommeil répare leurs forces, rafraîchit leurs corps fatigué, et l'on reprend les travaux avec une nouvelle ardeur.

Peu à peu cependant la chaleur devient plus supportable ; dans les champs dépouillés s'avancent les chariots qui viennent enlever le blé lié en gerbes, pour le transporter à la ferme : on le déposera dans la grange, d'où on l'apportera sur l'aire à battre quand la moisson sera tout-à-fait finie, et là, des bras vigoureux, armés de fléaux, sépare-

ront le grain de la paille destinée à
former la litière des chevaux et des
bestiaux.

A la suite des voitures qu'on
charge avec activité, marchent les
glaneurs et les glaneuses. Le riche
dédaigne de relever les épis épars
qui sont la moisson du pauvre;
quelquefois par une généreuse négligence, il augmente le produit
de cette récolte; d'autres fois, au
contraire, la honteuse avarice le
porte à disputer le terrain à ceux
que la destinée a réduits à glaner,
lorsque lui il moissonne; mais le
mépris de ses égaux, mais les ma-
lédictions du pauvre l'accompagnent, et, rougissant de ne pas
s'être montré plus généreux, il

donne par ostentation plus qu'il n'avait refusé par avarice, sans pouvoir cependant recouvrer l'estime qu'il a perdue, ni obtenir les témoignages d'une reconnaissance vive et franche.

———

CHAPITRE VII.

L'AMI D'ADOLPHE.

ADOLPHE avait choisi pour l'aider de jeunes moissonneurs de son âge; l'un d'eux s'étant blessé avec la faucille qu'il n'était pas encore bien accoutumé à manier, Adolphe ne voulut pas qu'il travaillât davantage, et le jour même le blessé reçut le double du salaire qui lui avait été promis, et qui fut payé en blé, comme c'est la coutume pour les ouvriers sédentaires; tandis que ceux qui ne font que passer, reçoivent au contraire leur salaire en argent. Le petit laboureur ajouta à ce présent un bon morceau de lard, des œufs et du beurre qu'il alla porter lui-même à la pauvre chaumière. Il avait demandé tout cela à Marguerite comme sa part du souper, assurant qu'il n'avait pas d'appétit, et que, pour ce soir, un peu de pain lui suffirait.

Ce n'était pas la première fois qu'Adolphe se privait pour donner à ceux qui manquaient ; bien souvent déjà il était allé se coucher sans souper, et si son estomac vide lui causait de l'insomnie, il se disait en soupirant : «Bon Dieu ! qu'est-ce que doivent donc éprouver ceux qui passent deux ou trois fois la semaine un jour entier sans

manger?... Aujourd'hui, du moins,
Pierre ne souffrira pas de la faim!»
Et peu à peu l'agitation d'Adolphe
se calmant, il finissait par s'endor-
mir avec la douce pensée d'avoir
fait une bonne action. Le plaisir
qu'il en ressentait était moins vif
lorsqu'il avait donné seulement son
superflu : Adolphe trouvait que ce
n'était pas là *donner*, et il n'était
réellement satisfait de lui-même
que lorsque, pour soulager la misère, il avait dû se priver du nécessaire.

Après avoir porté son souper au
blessé, Adolphe courut à la chaumière de Geneviève. Celui qu'il
nommait *son ami* était assis sur une
escabelle, auprès d'une mauvaise

9*

table sur laquelle il y avait devant
lui une jatte de lait et du pain noir,
tout à côté un livre ouvert, un ca-
hier de papier, des plumes et une
écritoire de poche. L'extérieur de
l'ami d'Adolphe n'annonçait rien
moins que l'aisance : il était vêtu
d'un vieil habit noir et d'un pantalon tout râpé ; un mauvais chapeau couvrait sa tête à moitié
chauve, et sa pâleur, sa maigreur,
disaient assez qu'il n'avait pas la
santé en partage.

« Bonsoir, mon ami ! » dit Adolphe en lui sautant au cou avec
affection. M. Daville répondit au
bonsoir d'Adolphe d'un ton ému ;
il lui rendait ses caresses avec usure,
et tous les deux paraissaient égale-

ment satisfaits de se trouver ensemble.

«Je suis riche, mon ami, reprit Adolphe qui s'était assis à côté
de M. Daville et tenait une de ses
mains dans les siennes.» Puis il ra-
conta que la récolte du champ du
petit bois lui ayant été donnée par
son père, il la vendrait le plus tôt
possible. «Et alors, ajouta Adolphe, vous aurez de l'argent, mon
ami; vous pourrez vous acheter des
vêtemens chauds pour cet hiver, et
donner quelque chose à Geneviève
afin qu'elle vous fasse de la soupe
de viande tous les dimanches.

— Excellent enfant ! s'écria
M. Daville, les larmes aux yeux.

—Mon ami, je pense à vous sans cesse.

—Est-ce bien vrai, mon Adolphe?

—Oh! oui, bien vrai! mais je n'en parle à personne.... Pourtant ma mère sait que je viens vous voir tous les jours.... Ce n'est pas moi, au moins, qui le lui ai dit.

—Adolphe, je ne t'avais pas demandé de faire un secret à ta mère de ton amitié pour moi. Un enfant ne doit point avoir de secret pour ses parens.

—M. le Curé le dit aussi, mon ami... Mais, voyez-vous, ma mère ne m'aurait rien laissé à faire pour vous...... elle est si bonne!.... Et puis, M. le Curé dit encore que notre main gauche ne doit pas savoir ce que fait notre main droite : vous comprenez bien ?....

—Oui, je comprends que tu as un cœur excellent.

— Mais, mon ami, pourquoi vous fatiguer à lire et à écrire comme cela toute la journée ; c'est ce qui fait que vous êtes malade !

—Mon Adolphe, cela me distrait au contraire. Les occupations de l'esprit sont une ressource dans la maladie et dans la misère ; elles en allègent le fardeau.... N'aimes-tu donc pas la lecture ?

— Si fait, mon ami ; mais mon père dit que les livres sont bons seulement pour s'amuser un

peu pendant les veillées d'hiver ;
que nous autres, qui devons travailler pour vivre, nous ne devons
pas donner à la lecture un temps que
nous pouvons mieux employer...

— Ton père, cependant, t'a
fait apprendre à lire et à écrire,
ainsi qu'à ses autres enfans ?

— Sans doute ; et il aurait encore dix enfans, qu'il leur ferait,
dit-il, apprendre à lire et à écrire ,
parce que ce serait un sûr moyen
de les empêcher de devenir ivro-
gnes ou mauvais sujets ; mais il ne
veut pas qu'un laboureur soit un
savant, parce que, dit-il, les savans sont de mauvais travailleurs.

— Duchêne a raison, reprit
M. Daville en soupirant ; et pour-

tant l'homme intelligent est-il donc
fait pour passer tous les jours de sa
vie uniquement occupé du soin de
pourvoir à ses besoins et à ceux de
sa famille ?

— Mon père, reprit Adolphe,
dit encore que quand il sera vieux,
au lieu de dormir toute la journée
au coin de son feu, il lira tant qu'il
pourra ; mais à présent il doit travailler, et nous aussi pendant que
nous sommes jeunes, afin d'assurer
du pain à nous et à nos enfans quand
nous nous marierons. Vous pouvez
m'en croire, mon ami; quoique
mon père ne soit pas un savant,
ce n'est pas un ignorant non plus ;
il a bien de l'instruction même, et
M. le Curé dit qu'il est bien dis-

tingué dans son état, qu'il en sait assez pour être heureux, pour rendre heureux tous ceux qui l'entourent, pour être honnête homme, pieux sans superstition, pour s'occuper agréablement dans ses loisirs.... Mon ami, est-ce que cela ne suffit pas ? »

M. Daville soupira encore une fois, et dit avec émotion : «Heureux le père dont le fils peut faire un tel éloge ! heureux le fils dont le père connaît et pratique la vraie sagesse, qui consiste dans une douce modération !.... Adolphe, tu aimes bien ton père ?

— Oh! de tout mon cœur, mon ami ; et vous l'aimeriez aussi si vous le connaissiez.... Pourquoi ne voulez-vous pas venir à la ferme ? Vous trouveriez là à vous occuper sans fatigue, et alors.... » Adolphe ici hésita.

— Et alors, ajouta M. Daville en achevant la phrase, je ne végéterais plus dans la misère, n'est-ce pas, mon Adolphe ?

— Mon ami.... venez à la ferme, je vous en prie. Vous nous aiderez à élever nos vers à soie, à recueillir nos fruits, à récolter nos lentilles, nos haricots, nos fèves, et vous gagnerez aisément de quoi vous procurer ce qui vous est nécessaire.... Ne croyez pas, mon ami, que je veuille vous faire entendre par-là que....

— Que je te suis à charge ?

Non, mon Adolphe, je ne le pense pas, car je connais la bonté de ton cœur..... Adolphe, j'irai à la ferme ; je travaillerai, non selon mes goûts, mais selon mes besoins.. Prie ton père de me venir voir.

— Il viendra, mon ami, il viendra ! » Et Adolphe embrassa tendrement M. Daville, comme pour le remercier de sa condescendance.

Adolphe retourna à la ferme après l'heure du souper ; les moissonneurs, fatigués, étaient déjà couchés dans les granges et dans l'étable ; et Marguerite, qui mettait tout en ordre dans la cuisine, s'y trouvait seule avec Duchêne lorsqu'Adolphe arriva.

« D'où viens-tu ? demanda le

fermier à son fils adoptif. Depuis quelque temps je te trouve plus dissipé que de coutume.

— Je viens de voir mon ami, répondit Adolphe sans hésiter, M. Daville, qui loge chez la veuve Geneviève, et je lui ai promis, mon père, que vous iriez le voir demain.

— S'il a quelque chose à me dire, répondit Duchêne qui était de mauvaise humeur ce soir-là, il n'a qu'à venir lui-même.

— Mon père, il n'ose pas.

— Pourquoi cela?

— Parce qu'il est pauvre.... et fier.

— Ah! ah! qu'est-ce que ce monsieur-là?

— Mon père, c'est un homme qui sait tout. Il a voyagé dans le monde entier. C'est un savant, mon père. Dans les villes il a été professeur ; c'est bien plus que maître d'école. Mon père, vous irez le voir, n'est-ce pas ? Il est pauvre, il est malade....

— J'irai le voir, répondit le fermier. Marguerite, fais manger quelque chose à cet enfant, et envoie-le au lit sans tarder. »

Ayant dit ces mots, le fermier se leva et sortit.

Le lendemain, dès le premier chant du coq, Adolphe était debout ainsi que tous les habitans de la ferme, et l'on se rendit aux champs. Tout en travaillant à réu-

nir en gerbes les javelles couchées
sur les sillons, Adolphe songeait à
M. Daville : il le connaissait depuis très peu de temps, et cependant il l'aimait déjà de tout son
cœur. Plusieurs fois Adolphe, af-
fligé de sa misère, avait essayé de
lui faire entendre qu'un peu de
travail suffirait pour lui procurer
du moins le nécessaire ; mais M. Daville ne paraissait pas jouir d'une
bonne santé, et puis c'était un
monsieur dont les mains n'étaient
point accoutumées aux rudes travaux de la campagne. «S'il voulait
être ici maître d'école, se disait
Adolphe, cela soulagerait M. le
Curé, qui commence à devenir
vieux. »

Ce projet et bien d'autres lui passèrent encore par la tête dans le cours de la journée; mais après les avoir adoptés l'un après l'autre, Adolphe finissait par les rejeter tous comme étant impraticables; et il revint encore ce soir-là à la ferme sans avoir pu rien trouver de convenable pour son ami.

———

CHAPITRE VIII.

LE MYSTÈRE.

LE jour suivant, Adolphe s'é-
chappa un moment pour aller voir
son ami : mais M. Daville était
sorti ; et pendant tout le temps que
durèrent encore les moissons, l'enfant ne put réussir à le rencontrer.
Duchêne, à qui Adolphe n'osait
pas demander s'il avait tenu sa
promesse, ne disait pas un mot de
M. Daville, et Marguerite répondait seulement aux questions d'A-
dolphe : « Tu sais bien que ton
père fait tout ce qu'il dit, et n'en

dit jamais plus qu'il n'en veut
faire. »

Enfin un soir, après souper, le
fermier ayant éloigné ses garçons
de ferme et ses filles de basse-cour,
sous différens prétextes, dit à ses
enfans réunis autour de lui : « Annette, et toi, Marie, vous étiez encore trop petites quand nous sommes devenus riches tout-à-coup,
pour vous souvenir combien, au-
paravant, nous étions pauvres et
misérables ; mais toi, Jean ; mais
toi, Remi, vous ne l'avez pas oublié, je pense ?

— Non, mon père, répondirent
en même temps Jean et son frère
Remi.

— Vous ne vous êtes jamais

inquiétés, pourtant, comment l'argent, pour acheter la ferme des Deux-Moulins, nous était venu : c'est toute une histoire que je ne peux pas vous raconter à présent; mais notre bienfaiteur à tous va venir demeurer parmi nous. Enfans, j'espère que vous le recevrez de votre mieux; toi, surtout, Adolphe, entends-tu?

— Oui, mon père, répondit Adolphe. Comment est-ce que nous pourrions faire pour ne pas bien recevoir celui qui vous a fait du bien et qui nous en a fait aussi à nous? Ce monsieur est riche, sans doute?

— Oui, puisque cette ferme lui appartient.

— Mon père, dit Jean, je croyais qu'elle était à vous ?

— Elle sera tout à fait à moi quelque jour, si notre bienfaiteur consent enfin aux arrangemens que je lui propose.

— Mon père , dit Annette à son tour, c'est donc un monsieur, un monsieur de la ville, un seigneur, peut-être ?

— Non , son père était paysan comme nous ; mais lui c'est un *monsieur*, en effet , et il, aurait mieux valu pour lui de rester aussi paysan... Demain il arrivera ; M. le Curé doit l'amener ici.

— M. le curé le connaît? demanda Adolphe.

—Oui, et tu le connais aussi, toi.

— Moi, mon père !

— Eh ! oui, puisque c'est M. Daville.

— M. Daville ! répéta Adolphe
stupéfait, et il dit une seconde fois :
M. Daville !

—En es-tu fâché ? reprit Duchêne
en souriant.

— Fâché ! oh ! non, mon père,
bien au contraire. Mais comment
se fait-il....

— Dam ! tu le lui demanderas ;
c'est son secret et non pas le mien.
Aime bien M. Daville ; aime-le de
tout ton cœur, plus que moi, si tu
veux, je n'en serai pas jaloux.

— O mon père ! s'écria Adolphe, en se jetant au cou de Duchêne, pouvez-vous me dire une

chose comme cela? Est-ce que je peux aimer quelqu'un plus que vous?

— N'en jure pas, mon garçon ; car cela pourrait arriver sans qu'il y eût du miracle. Marguerite, tu rendras bien propre la chambre où nous couchons; ce sera celle de M. Daville : nous irons loger dans celle qui est auprès de ton atelier pour tes vers à soie. Enfans, M. Daville est ici le maître, ne l'oubliez pas ; que chacun le serve et l'honore. S'il avait à se plaindre de vous, vous auriez affaire à moi.»

Dès le lendemain, de grand matin les arrangemens furent faits pour recevoir M. Daville. Adolphe n'avait guère dormi la nuit précédente ; bien des idées, plus bizarres les unes que les autres, lui étaient venues à l'esprit. Il avait fait involontairement des rapprochemens singuliers entre les discours du fermier et certains propos qu'on lui avait tenus quelquefois dans ses querelles avec les autres enfans du village, et auxquels il ne s'était jamais arrêté, auxquels il n'avait jamais attaché, jusqu'à présent, aucune importance, parce que n'ayant jamais douté d'être le fils de Duchêne, il n'avait pu croire qu'on lui eût reproché sérieusement de ne pas connaître son père. Dans la famille, rien ne lui avait non plus donné à penser que les liens du sang ne l'unissaient pas à ceux à qui il don-

nait les doux noms de père, de
mère, de frères, de sœurs; car les
enfans du fermier, tous très jeunes
encore lorsqu'Adolphe était venu
parmi eux; avaient presque totale-
ment oublié les circonstances qui
avaient accompagné son arrivée subite, et ils s'étaient tellement ac-
coutumés à voir en lui un frère, que
depuis qu'ils étaient en âge de ré-
fléchir, pas le moindre doute ne s'é-
tait élevé dans leur esprit à ce sujet.

Vers les dix heures du matin, M. Daville, accompagné du
Curé, arriva à la ferme. Il était
vêtu en paysan, ce qui le chan-
geait un peu. Adolphe fut un des
premiers à courir à sa rencontre;
il se jeta dans ses bras en pleurant

de joie, et sans pouvoir dire autre chose que ces mots : « Mon ami ! mon ami !»

M. Daville paraissait être fort ému. Il tint long-temps Adolphe serré contre son cœur ; puis il tendit tour-à-tour la main à Duchêne, à Marguerite, à leurs enfans : ses regards exprimaient la plus vive reconnaissance, et des larmes brillaient dans ses yeux.

Un bon déjeuner avait été préparé. M. Lascour fut placé à la droite de M. Daville, qui occupait la place d'honneur; à gauche étaient Duchêne, sa femme, leurs enfans, et en face de M. Daville, l'heureux Adolphe, pénétré d'une joie si vive en voyant son ami, non seulement à l'abri de la misère, mais établi comme maître à la ferme, qu'il ne trouvait pas de mots pour exprimer ce qu'il sentait bien profondément.

Pendant le repas, le bon Curé fit presque seul, avec Duchêne, les frais de l'entretien. Le fermier, excité par ses questions, traçait, sans s'en douter, le tableau de l'existence la plus heureuse que puisse souhaiter l'homme de bien, dont la vie utilement et constamment occupée, s'écoule dans une douce aisance, fruit de ses travaux, et dans cette paisible obscurité, bien préférable aux jouissances souvent trompeuses que donne la renommée ou la gloire, en quelque genre que ce soit. M. Daville écoutait en silence et les yeux fixés sur Adolphe, dont le regard plein d'affection, dont le sourire caressant, répondant à son regard, à son sourire mélancolique, semblaient dire : « Mon ami, voilà le bonheur dont je jouis déjà, et c'est aussi celui qui vous attend. »

Quand on sortit de table, le Curé, M. Daville et Duchêne, allèrent ensemble faire un tour dans le verger. Aux gestes multipliés de tous les trois, il était facile de deviner qu'une discussion assez vive avait lieu entre eux, et qu'ils étaient loin de se trouver d'accord : peu à peu cependant ils parurent s'apaiser, et M. Lascour se retira en serrant

cordialement la main à M. Daville
et au fermier.

A dater de ce jour, l'existence
d'Adolphe, déjà bien heureuse, le
devint plus encore. Il voyait son
ami recouvrer peu à peu la santé
et même quelque gaîté ; et cet ami,
dont l'affection pour lui semblait
augmenter, prenant plaisir à développer son intelligence, savait
lui ouvrir mille sources de jouissances inconnues, en ayant soin cependant que l'attrait qu'offre aux
hommes, heureusement doués par
la nature, les occupations de l'esprit, ne l'emportât pas sur le
goût des travaux, souvent pénibles,
qui procurent de quoi subvenir aux

premiers besoins de la vie, et la possibilité d'être utile à ses semblables.

« Mon Adolphe, disait souvent M. Daville, l'ignorance, quoi qu'on en puisse dire, est à redouter pour tout le monde ; elle est la source de bien des vices honteux, dans lesquels ne tombera jamais l'homme qui possède assez d'instruction pour pouvoir remplir agréablement ses loisirs ; mais pour l'homme qui ne peut vivre que du travail de ses mains, cette instruction doit avoir des bornes ; elle ne doit être pour lui qu'un délassement, qu'un amusement dont il faut user modérément.... comme il faut user modérément de tout, mon Adolphe.

C'est le seul moyen, non de se dis-
tinguer, mais d'être heureux. »

Et M. Daville, joignant l'exemple au précepte, prenait part, selon ses forces, aux travaux des
champs. Il n'accordait à ses livres
chéris que ses momens de loisir;
c'était avec ses livres qu'il se dé-
lassait des fatigues de la journée,
et peu à peu le goût des lectures
instructives se répandait dans toute
la famille. Les jeunes gens préfé-
raient passer leurs veillées à la
ferme, à aller perdre leurs temps
à médire chez les voisins. On tra-
vaillait, en écoutant M. Daville,
puis on s'entretenait de ce qu'il venait de lire; on faisait des com-
mentaires, des réflexions : la veil-

lée se prolongeait ; la quenouille de
Marguerite et des jeunes filles s'é-
puisait, tandis que le fuseau se
chargeait de fil. Les hommes ne
restaient pas non plus les bras croisés ; les uns épluchaient du chanvre, les autres raccommodaient les
outils ; d'autres faisaient, avec leur
couteau, des cuillers, des garde-
pipes en bois, et ces heures, utilement employées, augmentaient le
petit revenu de chacun, en donnant
des plaisirs que ne suivait ni le regret ni le remords.

« Nous ferons apprendre à lire à
nos enfans, disaient les jeunes gens
nouvellement mariés, et qui venaient passer quelquefois la veillée
chez le père Duchêne.

— Et vous ferez bien, répondait le fermier ; c'est ce que M. le Curé vous prêche chaque dimanche dans la chaire. C'est toujours bon de savoir lire et écrire, quand ce ne serait que pour s'amuser. »

CHAPITRE IX.

LE PÈRE ET LE FILS.

L'ASSOCIATION de M. Daville avec Duchêne (car maintenant on savait que tous deux étaient associés sans connaître précisément, au grand regret des commères, si cette association datait de l'époque où Duchêne avait fait l'acquisition de la ferme des Deux-Moulins, mais on le présumait), cette association augmenta bientôt l'aisance, déja fort grande, dont jouissait toute la famille. La somme déposée par Duchêne entre les mains du curé et qu'il s'obstinait à ne point regarder comme lui appartenant, servit à faire de nouvelles acquisitions, à agrandir la ferme et à augmenter le nombre des troupeaux. Tout prospérait entre les mains de ces deux hommes intelligens et actifs, secondés par leurs enfans; et les années s'écoulaient en apportant toujours d'heureux changemens à une situation si prospère. Les enfans de Duchêne s'établissaient tour-à-tour; et avant d'avoir atteint sa majorité, Adolphe se trouva seul avec Duchêne, Marguerite et M. Daville, à la ferme des Deux-Moulins, qu'il était déjà en état de faire valoir, grâces aux leçons du fermier, à celles de M. Daville, à

son intelligence vraiment précoce
et à son activité infatigable. Le bonheur, la gaîté, la bonne humeur,
brillaient sur sa figure animée par
les couleurs de la santé; quelquefois pourtant quelques nuages venaient obscurcir son front. Mille et
mille remarques qu'il avait faites,
certains mots échappés à Duchêne,
à M. Daville et au curé lui-même,
avaient donné beaucoup à penser à
Adolphe; et souvent le soir en se
retirant dans sa chambre, il restait
long-temps assis sur son lit, les
bras croisés, et plongé dans ses réflexions.

« On me cache quelque chose! »
se disait-il alors.

Et son cœur se serrait, car certainement si ce qu'on lui cachait avait dû ajouter à sa félicité. Duchêne et M. Daville, au lieu de garder le silence, se seraient expliqués. Mais quel pouvait être ce mystère? Une voix secrète disait, répétait à Adolphe qu'il n'était vraiment pas le fils du fermier, et cette même voix lui disait encore que M. Daville était son père. Insensiblement il s'était accoutumé à l'appeler de ce nom, et alors il surprenait quelquefois un sourire d'intelligence sur toutes les bouches ; et alors une tendre caresse de M. Daville semblait dire : « Oui, je suis vraiment ton père. »

« Mais pourquoi ne me le dit-il donc pas ? » se demandait Adolphe; puis une brûlante rougeur couvrait ses joues; les battemens de son cœur devenaient plus précipités; sans doute M. Daville ne pouvait l'avouer pour son fils sans révéler quelque grande faute de sa jeunesse, sans réduire le pauvre Adolphe à supporter la honte qui accompagne, bien injustement, la tache d'une naissance illégitime, et à rougir de son père et de lui-même.

Un jour que toutes ces idées avaient fermenté dans sa tête avec plus de vivacité que de coutume, Adolphe, à l'heure où tout le monde était dans les champs, se rendit pensif au presbytère; mais au moment d'y entrer il s'arrêta : il

était prêt à revenir sur ses pas, re-
doutant à présent une explication
qu'il avait résolu fermement d'obtenir... Rougissant enfin de son in-
décision, il ouvre la porte de la
salle basse, et demeure surpris en
trouvant là M. Daville en confé-
rence avec le bon Curé. Beaucoup
de papiers étaient étalés sur la table
placée entre eux deux.

A la vue d'Adolphe, l'un et
l'autre témoignèrent quelqu'étonnement; mais M. Daville tendant
la main au jeune homme, lui dit
avec tendresse : « Je désire, Adolphe, que tu sois amené ici par le
même sentiment qui m'y a conduit, par le désir d'obtenir la con-
fidence entière d'un secret que peut-

Dessiné et Gravé par Montaut.

Je désire, Adolphe, que tu sois amené ici par le
même sentiment qui m'y a conduit.

être tu as en partie deviné, et que je brûle de te dire. »

Adolphe baissa d'abord la tête; mais la relevant presqu'aussitôt, il répondit en affectant une fermeté que démentait le tremblement de sa voix : « Oui, je suis venu ici pour prier M. le Curé de mettre un terme à une incertitude cruelle qui empoisonne tout le bonheur dont j'avais joui jusqu'à présent.

— Adolphe, reprit M. Daville avec émotion, le trouble, l'inquiétude que tu éprouves, d'où viennent-ils? Est-ce de la crainte de reconnaître, dans un autre que Duchêne, l'auteur de tes jours?

— Non, mon ami, répondit

Adolphe ; il fallait ajouter quelque chose , mais il se tut d'un air embarrassé ; puis tout-à-coup se jetant à genoux devant M. Daville, il s'écria les larmes aux yeux : « Vous êtes mon père, je suis votre fils , je le devine, je le sens !.... Mais, hélas ! pourquoi m'avoir abandonné ! pourquoi m'avoir laissé aux soins d'un étranger ! pourquoi lui avoir permis d'usurper des droits, un titre, une tendresse qui auraient dû n'appartenir qu'à vous?...... O mon père , d'où vient que vous m'avez repoussé de votre sein ? d'où vient qu'aujourd'hui encore vous hésitez à me reconnaître pour votre fils ?

— Hésiter à te reconnaître pour

mon fils ! toi, l'orgueil et la joie de ton père !......» répondit M. Daville qui releva Adolphe et le serra étroitement contre sa poitrine. Tous deux fondaient en larmes ; tous deux s'embrassaient et répétaient : « Mon père ! Mon fils ! »

« Dieu soit loué ! » dit le vénérable M. Lascour en joignant les mains ; « oui, Dieu soit loué de m'avoir laissé vivre assez pour voir luire ce beau jour ! Adolphe, combien tu dois à ton père ! Il s'est sacrifié pour toi, pour ton bonheur ; il s'est privé de la joie de vivre près de toi, de t'élever lui-même. Il ne se croyait pas digne de remplir cette tâche sainte ; il craignait d'éveiller en toi les sentimens d'orgueil qui l'ont égaré quelque temps. Mon enfant, il se serait dévoué à vivre toujours dans l'obscurité et dans la misère, afin de ne pas troubler ton repos, si la Providence ne t'avait pas envoyé à sa rencontre le jour où il arriva ici, après une absence de neuf années, exténué par la maladie, la fatigue et la faim. Sans le connaître tu voulus le conduire à la ferme; il s'y refusa obstinément, et alors tu lui procuras un asile chez la pauvre Geneviève... Là, il a vécu de tes bienfaits jusqu'au moment où tu obtins de Duchêne de venir le voir. Malgré la longueur du temps qui s'était écoulé depuis leurs courtes entrevues, malgré les changemens opérés sur

son visage par la souffrance, Du-
chène le reconnut; il le reconnut
surtout au son de la voix, et de
cet instant ton père vécut sous le
même toit que son fils. Adolphe,
tout ce qu'il y a de bon en toi, tout
ce que tu possèdes, tu le dois à ton
père : le dévouement de ta vie entière suffirait à peine pour payer ce
qu'il a fait pour toi ! »

Pendant que le Curé parlait,
Adolphe accablait son père de caresses, et l'heureux père répondait
avec effusion aux témoignages de
la tendresse d'un fils uniquement
chéri et bien digne de l'être. Bientôt M. Lascour se leva et quitta la
salle, afin de leur donner la liberté

de se livrer sans témoins au doux épanchemens de l'amour paternel et filial.

CHAPITRE X ET DERNIER.

LA MODÉRATION EST LE TRÉSOR DU SAGE.

ADOLPHE, resté seul avec son père, apprit enfin les infortunes qu'il avait essuyées.

Né de simples laboureurs, le jeune Daville ayant reçu quelqu'é-ducation, avait fini par rougir de sa famille et par quitter son village pour aller vivre à Paris. Là, ses trop indulgens parens fournissant à toutes ses dépenses, il s'était livré à la dissipation, sans chercher à perfectionner le peu

qu'il avait appris. Il venait de s
marier, lorsque son père lui fu
enlevé, et peu de temps après
perdit sa mère. Le jeune Davill
croyait sa fortune inépuisable
mais il tarda peu à s'apercevoi
que, des biens amassés pénible
ment par son père, il ne lui res
tait presque plus rien. Il songe
alors à se choisir un état; mai
partout s'offrait mille difficultés
car il ne savait rien, ou du moin
que fort peu de chose, lui qu
avait passé pour un aigle dans so
village, lui à qui les flatteur
avaient persuadé qu'il était propr
à tout !

Le temps s'écoulait cependant
la famille du jeune Daville allai

s'accroître, et il ne trouvait aucun moyen de subvenir à tant de besoins..... Sa femme succomba en donnant le jour à un fils, et Daville resta seul sur la terre avec cet enfant. Après avoir inutilement essayé de divers genres d'industrie sans pouvoir réussir nulle part, parce que, partout, il fallait faire des études qui demandaient ou du temps, ou l'habitude du travail, le malheureux Daville, victime d'un fol orgueil et d'une éducation mal entendue, résolut de sauver au moins son fils d'un sort pareil au sien; et il employa la dot de sa femme à assurer un avenir à cet enfant.

Tranquille sur sa destinée, dès

qu'il l'eût placé chez Duchêne, Daville partit et passa les mers, espérant que dans un autre hémisphère, la fortune lui serait peut-être plus favorable; mais après de vains efforts pour gagner seulement de quoi se donner du pain dans ses vieux jours, Daville, découragé, abattu par la misère et par la maladie, obtint, de la commisération d'un compatriote, une somme suffisante pour revenir en France. Il croyait y mourir dans peu; mais, avant de mourir, il voulait embrasser son fils, et emporter au tombeau la certitude que le bonheur d'Adolphe était assuré.

Ce fut le Ciel même, comme venait de le dire le bon M. Lascour,

qui envoya à sa rencontre son
fils, son fils bien-aimé, au moment où il arrivait à Jarville,
avec l'intention de s'en éloigner
après avoir vu Adolphe, à qui
M. Daville ne voulait point se faire
connaître, afin de ne pas troubler
sa tranquillité.

« Mon Adolphe, dit M. Daville
en terminant son histoire, que le
jeune homme n'avait pas écoutée
d'un œil sec, dis-moi que tu es
heureux; que ton ambition est sa-
tisfaite; que tu ne désires rien au-
delà de la position douce et paisible,
et du rang obscur que tu tiens dans
la société !

— Oui, mon père, je suis heureux, répondit Adolphe sans hé-

sitation. Et cette félicité si pure est encore augmentée par l'idée que je vous la dois toute entière. Mais vous, mon père, êtes-vous heureux comme votre fils? Ne regrettez-vous pas ce monde où vous avez vécu?

— Près de toi, je ne regrette rien, mon Adolphe. Une amère expérience m'a trop appris ce que sont les faux plaisirs du monde, pour que je puisse les regretter : une amère expérience m'a trop appris que, par toute la terre, il vaut mieux compter sur soi-même que sur l'appui de ses plus chers amis. Adolphe, tu seras père à ton tour!... Mon fils, si tu éprouves le désir d'élever tes enfans au-dessus de toi, ne cède à cette ambition paternelle qu'après de longues réflexions ! Songe bien que celui qui ne sait rien qu'à demi, est exposé à devenir le jouet de sa propre vanité, la dupe de son orgueil, et à se trouver sans ressource à l'âge où l'on ne peut plus ni travailler ni apprendre. Mon fils, si l'ignorance est la source de bien des fautes le faux-savoir est la source de funestes erreurs qui nous entraînent loin de la route de la sagesse et du bonheur ; car, ainsi que l'a dit un de nos grands écrivains : *On ne s'égare point parce qu'on ne sait pas, mais parce qu'on croit savoir.*

Le jour de la majorité d'Adolphe

arriva, et ce jour fut célébré en grande pompe à la ferme des Deux-Moulins. M. Lascour, et tous les habitans du village, avaient été invités à la fête. Déjà l'on savait qu'Adolphe n'était point le fils de Duchêne, mais de M. Daville, qui le lui avait confié, ainsi que sa fortune, pendant un long voyage qu'il était allé faire; et l'on porta gaîment, et plus d'une fois pendant le repas, la santé du père et du fils, bienfaiteurs du village de Jarville : car ils avaient annoncé l'intention d'y fonder une école gratuite, bien plus considérable que celle qui avait existé long-temps sous la direction du bon Curé, trop vieux maintenant pour la diriger.

Le soir, on dansa au son des vio-
lons et de la musette; des fusées,
des pétards, furent tirés par les
enfans du village; et Adolphe,
rayonnant de joie, remercia cordialement les villageois d'avoir célébré avec tant d'affection le jour
où il venait d'atteindre sa majorité.

Une année après, le jeune laboureur était marié; bientôt il se
vit entouré d'une famille naissante
qui faisait son orgueil et les délices
de son père, de Duchêne, de Marguerite. Tous étaient déjà bien
vieux; mais ils continuaient de demeurer avec leur fils d'adoption, à
la ferme des Deux-Moulins, appartenant maintenant en propre à
Adolphe. Duchêne avait dû consen-

tir, après bien des discussions, à accepter les dix mille francs placés en son nom sur la ferme : cette somme prospérait entre les mains de ses enfans bien établis. Adolphe les aidait avec autant d'empressement que s'ils eussent été vraiment ses frères et sœurs, et la paix, le bonheur, la plus tendre union, régnaient dans toute cette famille.

M. Daville, chéri, respecté de son fils et de ses petits-enfans, voyait s'écouler sa vieillesse paisible et heureuse, et chaque jour il s'applaudissait d'avoir rendu Adolphe à la profession de ses pères, d'avoir écouté la raison plutôt que l'orgueil.

« Mon père, disait quelquefois

Adolphe, il est pourtant bien dif-·ficile de se défendre du désir d'avoir des enfans plus savans que soi ! Je le sens à présent que je suis père, et pourtant je ne pourrais désirer pour mes fils un sort plus prospère que celui que je dois à vos bontés. On peut étouffer l'ambition qu'on éprouve pour soi-même...... mais celle qu'on a pour ses enfans..

— Mon fils, répondait alors M. Daville, la première ambition d'un père ne doit-elle pas être de les voir heureux ? Moi aussi, Adolphe, je faisais pour toi les plus beaux rêves... Tu n'étais pas encore né que déjà je te couronnais des palmes académiques ou des lauriers du guerrier.... La nécessité, la dure nécessité, ou plutôt les suites de la folie qui m'avait entraîné loin du but, firent évanouir ces beaux rêves, lorsque je me trouvai au fond de l'abîme que moi-même j'avais creusé. J'arrachai alors le bandeau dont mes yeux étaient encore couverts; la voix de la raison se fit entendre, et me dit : «Qu'il vive obscur, mais heureux!»

Adolphe, portant avec respect à ses lèvres la main de M. Daville, dit d'un ton ému : «Mon père, mes enfans seront laboureurs comme votre fils!»

FIN DU PETIT LABOUREUR.

LES MOUTONS.

«Bonjour, Petit-Pierre!» dit Léon en accourant un matin tout joyeux à la cabane du vieux berger. « Me voilà en vacances, et je viendrai te voir souvent, mon vieux camarade! Tiens, papa m'a donné pour toi cette bouteille de bon vin; maman t'envoie ce pain blanc, et moi je t'apporte le dessert de mon déjeuner, ces macarons et ces biscuits... Tu me conteras des histoires, n'est-ce pas? Oh! moi aussi je t'en raconterai, va, et sur tes moutons encore! J'ai lu bien des livres où l'on en parle de ces pauvres moutons !

— Vraiment? dit le berger en souriant. Mais comme vous voilà grand, M. Léon !

— C'est que je suis tout à l'heure un homme, vois tu! j'aurai bientôt onze ans!... Mais où est-il donc Patau?...» Léon sortit en courant de la cabane, et en appelant à grands cris le bon chien qui arriva au galop, et se mit à gambader autour de lui, exprimant par des aboiemens réitérés le plaisir qu'il avait à revoir Léon, son ancien compagnon de jeu.

«Nous sommes déjà parqués pour l'hiver, comme vous voyez, M. Léon, dit Petit-Pierre qui mé-

ritait bien le surnom de *petit*, car
il n'avait guère plus de quatre
pieds et demi de haut : mais quoiqu'il fût bien vieux, sous ses sour-
cils blancs brillaient des yeux gris
encore pleins de feu.

— Oui, je vois cela, repartit
Léon.

—Je m'étonne que votre papa
ne soit pas encore venu visiter ses
mérinos ; ils sont superbes, et chaque brebis nous a donné un
agneau !

— Oh ! comme papa sera content ! Il n'est pas encore venu, parce qu'en arrivant à Saint-Aignan
il a trouvé beaucoup de lettres de
ses amis, auxquelles il a fallu répondre.... Ah ! dis donc, Petit-

Pierre, je sais à présent l'origine du nom de *mérinos*, et quel est celui qui les a le premier acclimatés en Europe!

—Vraiment? Eh! ben, Monsieur Léon, contez-moi ça!

— Je le veux bien; mais à condition qu'après tu me raconteras tes voyages en Flandre, en Norwége, en Suède...

— Oh! tout ce qu'il vous plaira!

— Tiens, asseyons-nous là, et je vais te dire cette histoire; elle est bien vraie, entends-tu? C'était dans le XIVme siècle, du temps où régnait don Pèdre IV...

— Ça n'est pas nouveau!

—Dam! non! Ce don Pèdre

était un roi d'Espagne.... tu sais bien d'Espagne?...

— Oui, le pays d'où l'on tire la plus belle laine.

— Ce roi d'Espagne, donc, apprit, je ne sais par quel hasard, que dans la Barbarie, qui est au-delà des mers, il y avait une race de moutons, ou plutôt de brebis, si belle, si belle, que leur laine était plus douce que de la soie! Tout de suite il en envoya cher-cher avec des vaisseaux, et de là leur vint le nom de moutons GANA-DOS MERINOS, *d'outre-mer*; tu com-prends bien?

— Non, pas trop.

— Pourtant c'est assez clair; des *moutons d'outre-mer*, c'est-à-dire qui venaient de par-delà la mer.....

— Ah! oui je comprends main-tenant..... comment est-ce qu'on dit ça en Espagne?

— *Ganados merinos.*

— *Ganados merinos!* répéta le vieillard. C'est un joli nom tout de même!... et la bête est jolie aussi!... Ceux de votre papa sont magnifiques, et les agneaux donc! Pas une seule tache! d'un blanc de neige! c'est qu'aussi le bélier n'en a pas à la langue ni au pa-lais!

— Comment, qu'est-ce que tu dis qu'il n'a pas?

— Des taches à la langue ni au palais.

— Et ! bien, qu'est-ce que cela ferait, quand il en aurait ?

— Ça ferait, M. Léon, quand même sa laine à lui serait toute blanche, que ses enfans auraient des marques noires ou brunes sur la toison, ce qui lui ôte de sa valeur.

— Voilà qui est singulier ! En es-tu bien sûr, Petit-Pierre ?

— M. Léon on n'a pas été soixante ans berger pour ignorer ça.

— Ne te fâche pas, mon bon vieux; c'est que, vois-tu, papa me parle si souvent des préjugés, c'est-à-dire des choses qu'on croit aveuglément sans que, pour cela, elles soient certaines ou vraies.....

14*

Mais écoute à présent le plus beau
de l'histoire... Voilà donc les mérinos en Espagne, et puis voilà que
deux cents ans après, la race ayant
dégénéré, le ministre Ximénès,
qui était un grand homme, va,
en fait venir d'autres. Alors tous
les grands seigneurs voulurent en
avoir des troupeaux; la veille de
la tonte c'étaient partout des fêtes
magnifiques; on accordait des pri-
viléges à ceux qui s'entendaient le
mieux à augmenter le nombre des
mérinos; il y avait, pour en déci-
der, un conseil ou tribunal ap-
pelé : *conseil du grand troupeau
royal*; et les rois d'Espagne, dans
leurs ordonnances, donnaient à

leurs moutons le beau nom de *précieux joyaux de la couronne...*

— Morguienne ! s'écria Petit-
Pierre, c'était là le bon temps
pour les bergers ! ils entendaient
leur affaire ces rois-là !

— Mais ce n'est pas tout, con-
tinua Léon. Il arriva une fois que
les troupeaux royaux de la Flandre
et du Brabant, ayant rapporté,
par la vente de leur toison, je ne
sais combien de millions au roi
Philippe, il voulut, en mémoire de
cet événement, instituer l'ordre de
chevalerie de la Toison-d'Or !

— Le brave homme ! » s'écria
Petit-Pierre les larmes aux yeux.
« Faut-il que j'aie du malheur de
n'être pas allé en Espagne plutôt

qu'en Suède et en Norwége!... Qui sait, j'aurais peut-être fait ma fortune; car, sans me vanter, j'entends assez ben mon métier! Mais où donc est-ce que vous avez trouvé tout ça, M. Léon ?

— Dans un livre d'histoire que m'a prêté papa, et j'ai voulu te le dire tout de suite en arrivant, parce que j'ai pensé que cela te ferait plaisir.

— Oh ! pour ça oui, ça m'en fait du plaisir!... Oui, oui, je dirai l'histoire du conseil du troupeau royal de la toison d'or, et tout, à ceux du village qui me traitent quelquefois du haut en bas, quoique pourtant... Enfin suffit! Si les bergers étaient des sorciers

comme on l'assure, ils commence-
raient, j'en réponds, par se procurer de quoi rouler carrosse, au
lieu de passer les jours et les nuits
à la garde des troupeaux de tout le
monde.

— Mais à présent, tu ne gar-
des plus que ceux de papa, et tu
as trois autres bergers sous tes
ordres?

— Oui, des fainéants, des en-
têtés! J'ai beau faire, la laine de
leurs moutons n'est jamais blanche
comme celle des miens...

—C'est que les tiens, Petit-Pierre,
sont des espèces choisies...

— C'est que, M. Léon, mes
bergers n'ont pas le soin de laver
leurs moutons assez souvent à

l'eau courante; c'est qu'ils ne connaissent pas comme moi les terres savonneuses qui me servent à nettoyer à fond mes bêtes...

— Si tu ne le leur enseignes pas...

— Si fait vraiment, M. Léon; mais c'est jeune ça n'écoute pas, ça croit en savoir bien davantage qu'un vieil homme comme moi, versé dans le métier... Ah! tenez, voilà votre papa !»

M. du Sailli, en effet, venait rendre visite au vieux Pierre, qui ôta respectueusement son bonnet de grosse laine brune, et s'avança d'un air empressé au-devant de son maître.

« Eh! bien, brave homme, vo-

tre santé est toujours bonne ? dit
M. du Sailli. Il me semble, chaque
année, que vous rajeunissez !....
Léon brûlait d'envie de vous revoir; aussi il a déjeuné à la hâte
pour accourir ici.... Et nos mérinos ?...

— Ils sont superbes, Mon-
sieur..... Patau, à moi les mérinos ! »

Le chien partit comme un trait,
et quelques minutes après on vit
arriver vingt brebis d'une blan-
cheur de neige, accompagnées de
leurs agneaux, et ayant en tête un
bélier à grosses cornes contournées
en spirales, et portant sur le front
une espèce de houppe ou d'aigrette
en laine très fine et très frisée.

Tandis que M. du Sailli, l'un des plus riches propriétaires du Berri en troupeaux de toutes les espèces, passait, comme il disait, l'inspection, Léon s'amusait à caresser les agneaux, à leur donner de l'herbe choisie, ou bien il comptait les anneaux des cornes du bélier pour s'assurer de son âge; car Léon savait que chaque année il lui pousse un de ces anneaux; ou bien encore, dans le même but, il examinait les dents des brebis; leur nombre, leur couleur, indiquent très clairement combien de temps s'est écoulé depuis le moment de la naissance; les brebis qui ont passé huit ans, ont toutes leurs dents; mais insensiblement ces dents se déchaus-

sent, se noircissent, se gâtent, et
si l'homme ne prenait pas le soin
de délivrer à l'avance ces pauvres
animaux des misères et des infir-
mités de la vieillesse, ils seraient
réduits à mourir de faim, faute de
pouvoir brouter l'herbe.

« Vous voyez, Monsieur, disait
Petit-Pierre, que leur toison, qui
a été tondue au printemps, est
déjà ben assez épaisse pour qu'on
ne craigne pas de les laisser passer
cet hiver-ci au parc, comme l'hiver dernier. Je vous promets, foi
de Petit-Pierre, que vous n'en
perdrez pas un seul ; que le printemps prochain ils seront mieux
portants et plus vigoureux que si
on les mettait à l'étable. Dans mon

jeune temps c'était la coutume de les enfermer au moins la nuit, pendant la mauvaise saison, et alors leur toison se salissait ; le suint prenait une âcreté, une odeur qui gâtait ou endurcissait la laine, et nous n'en avions pas d'aussi belle que celle qui vient d'Angleterre ou d'Espagne, où les moutons sont toujours au parc et en plein air : mais à présent, Monsieur, nous pouvons damer le pion aux Anglais et aux Espagnols !... En Suède, Monsieur, où le climat est plus rude que le nôtre, on ne connaît point les bergeries ; en Flandre, en Hollande non plus, et pourtant ils ont aussi des mérinos ! »

M. du Sailli répondit en souriant qu'il se reposait entièrement sur Petit - Pierre du soin de ses moutons, et après avoir donné des éloges mérités aux troupeaux qu'il dirigeait seul, M. du Sailli s'en retourna avec Léon, qui promit de revenir tous les jours, tous les jours rendre visite à son ami Petit-Pierre, tant que dureraient les vacances.

Dès le lendemain Léon, très empressé de tenir sa promesse, arriva, comme la veille, à la suite du déjeuner, apportant à Petit-Pierre quelques friandises dont il s'était privé à son intention.

«Oh! je suis bien content! lui dit-il, papa m'a promis de faire venir de Paris une histoire naturelle où nous trouverons toute sorte de choses curieuses sur les moutons.

— Qu'est-ce que c'est qu'une *histoire naturelle?* demanda Petit-Pierre.

— C'est un livre où des savans, beaucoup de savans réunis, ont rassemblé leurs observations sur les animaux, sur les plantes bonnes ou mauvaises... Vois-tu, Petit-Pierre, il y a des savans qui, pour faire des découvertes, s'en vont bien loin, bien loin, jusque dans la mer Glaciale ou bien sous la Zône Torride, s'exposant à une foule de dangers, et tout cela seulement pour retrouver des traces

d'animaux et de plantes qui n'exis-
tent plus maintenant.

— Je vous demande un peu
à quoi est-ce que ça sert?... Qu'on
s'occupe de choses utiles, comme
par exemple d'améliorer les troupeaux....

— Oh! tu en reviens toujours
à tes moutons! s'écria Léon en
riant.

— Dam! c'est une histoire
naturelle, plus naturelle que d'aller
faire de la besogne qui ne peut
servir à rien; vous voyez ben,
M. Léon, que les rois d'Espagne
entendaient leur affaire; qu'ils
donnaient le premier rang aux bergers....

— Oui, dans les temps anciens ; mais à présent...

— C'est que le monde dégénère tous les jours, repartit le vieux berger avec un soupir.

— Raconte-moi donc des histoires ! dit Léon en s'asseyant à ses côtés. Tu m'as dit bien des fois que les moutons des autres pays ne sont pas si bêtes que les nôtres ; comment cela se fait-il ? car enfin on n'est pas bête en France !

— Je vous ai dit, M. Léon, que les moutons sauvages ont plus d'*imaginative* que ceux qu'on élève avec ben du soin ; mais quant à de l'esprit, ils n'en ont pas plus ailleurs qu'ici ; ils ne sont ni plus braves, ni plus entendus pour se

sauver du danger ; et partout on
peut ôter l'agneau à sa mère sans
qu'elle le défende ; ou sans qu'elle
bêle autrement que lorsqu'elle est
contente.

— Papa me parlait de cela jus-
tement ce matin, et il me disait que
la brebis était la seule femelle qui
ne s'exposât pas au danger pour en
préserver son petit.

— Cela vient sans doute, repartit le vieux berger, de ce qu'elle
n'a ni cornes, ni dents pour le défendre ; mais qui sait si elle ne
pâtit pas pour lui tout comme une
autre !

— Ne m'as-tu pas dit, Petit-
Pierre, que dans les pays froids

les moutons se réchauffent entre
eux ?

— Oui, M. Léon, et vous allez
voir par-là que s'ils n'ont pas d'esprit, ils ont du moins de la bonté
et de l'amitié les uns pour les autres. L'hiver, ces pauvres bêtes,
que personne ne surveille, se re-
tirent sur les rochers, et se ser-
rent les uns contre les autres. Vous
pensez ben que ceux qui sont au
milieu ont plus chaud que ceux
qui se trouvent sur les côtés?

— Oh! sûrement.

— Eh! ben, savez-vous ce que
font ceux du milieu? Ils quittent
cette bonne place pour venir prendre l'autre, afin que leurs cama-

rades puissent se réchauffer à leur tour, et ils font ce manége-là tant que la nuit dure.

— Voilà ce qui s'appelle être bons camarades. Mais, dis-donc, Petit-Pierre, mon père assure que la laine des moutons du nord est plus rude que celle des moutons du midi?

— C'est vrai, et elle est aussi plus épaisse; car Dieu est bon, et comme les pauvres bêtes devaient être exposées à un froid plus rigoureux, il leur a donné une toison plus chaude qu'aux autres moutons. Aussi celle-là ne fournit que de la laine commune: tandis que dans les pays où les hivers ne sont pas trop rudes, où il y a de bonne herbe fine et tendre, la laine que donnent les moutons est douce et fine comme de la soie...Vous pensez ben, par exemple, que voilà des mérinos qui fourniront une plus belle toison que celle des moutons sauvages de l'Islande, qui ont double toison pourtant...

— Comment, double toison?

— Oui, M. Léon, c'est comme je vous le dis. En Islande les moutons marchent à la suite des chevaux sauvages qui creusent des trous dans la glace et dans la neige pour trouver de l'eau et de la mousse ; chose que les moutons ne peuvent pas faire, quoiqu'ils aient des cornes deux fois plus longues que celles de nos béliers ; mais ces cornes les gênent plus qu'elles ne leur servent. A l'entrée de l'hiver, la laine qui a poussé sur leur dos, se détache, sans tomber pourtant; elle forme de gros flocons tout tortillés, tout noués, et, sous cette grosse couverture, pousse une seconde toison encore plus épaisse, mais en même temps plus fine que la première. J'espère qu'avec ces deux manteaux de laine ils sont ben garantis du froid?

— Oui vraiment.

— Mais vous ne devineriez pas quel usage ils font de leur manteau?... Ils le mangent.

— Comment, ils mangent leur toison?

— C'est-à-dire ils se la mangent les uns aux autres quand ils n'ont pas autre chose pour apaiser leur faim : oui, M. Léon, ils se mangent, comme on dit, la laine sur le dos : mais si les paysans s'en aperçoivent, ils viennent à leur secours, moins par bonté peut-être que par intérêt, car les toisons ainsi hachées ne vaudraient rien pour la vente.

— Mais, Petit-Pierre, comment fait-on pour attraper les moutons sauvages quand vient la saison de la tonte?

— A la St-Jean, les paysans leur donnent la chasse avec des chiens qui les font entrer dans de grands parcs entourés de claies, et alors on les débarrasse de leurs deux toisons. Les habitans de ce pays sont si négligents, qu'ils perdent souvent des troupeaux entiers. Avec un peu de soin, on les réunirait quand la violence du vent les oblige de quitter les montagnes pour se réfugier dans la plaine, et on les empêcherait aisément de se jeter comme des fous dans la mer, et cela par milliers ; car le vent les étourdit et leur fait perdre le peu d'instinct qu'ils peuvent avoir.

— Les pauvres bêtes ! dit Léon. Ce n'est pas leur faute pourtant ! Mais quelle différence entre leur sort et celui de nos moutons si bien soignés, si bien nourris !... A propos, Petit-Pierre, pourquoi donc leur fais-tu manger du sel ?

— C'est pour les entretenir en appétit, en bonne santé, et pour que leur laine soit plus belle. Ils en sont ben friands, allez ! »

Une fois sur le chapitre des soins qu'exige un troupeau, Petit-Pierre ne tarissait plus ; et ainsi, sans y songer, Léon apprenait une foule de choses utiles qui devaient lui servir par la suite, lorsque son père voudrait le charger de surveiller leurs nombreux bergers. Petit-Pierre lui enseignait que pour guérir la clavelée, espèce de petite vérole qui heureusement n'est pas contagieuse pour les agneaux, mais qui se répandrait dans le reste du troupeau si l'on n'éloignait pas la brebis malade, il suffit de la placer dans une étable bien sèche, bien aérée, et de lui faire prendre du soufre en abondance. Pierre lui disait encore que les moutons sont sujets à périr d'une maladie singulière, d'une poche de vers qui se forme dans le cerveau ; que d'autres ont dans les narines de petits vers qui sortent des œufs qu'est venue y déposer une mouche nommée *oestre* ; et à ces récits du vieux berger, M. du Sailli ajoutait des explications faites pour exciter Léon à étudier l'histoire naturelle, cette source inépuisable de phénomènes aussi intéressans que curieux.

De son côté, le vieux berger, à qui Léon venait quelquefois lire ses cahiers d'extraits, s'émerveillait en disant : « C'est ben vrai qu'on apprend tous les jours ! » Mais il en revenait toujours à ses moutons, et ce qui l'intéressait le plus, c'était les remarques faites par les savans sur les différentes espèces de ces animaux si précieux à l'homme.

« Si je n'étais pas si vieux, disait-il encore, j'irais en Amérique, à l'île de Madagascar, et au Cap de Bonne-Espérance, voir par mes yeux ces moutons dont la queue pèse vingt livres et dont la graisse n'est pas du suif comme celle de nos brebis... Quant à ce que vous me dites, M. Léon, des moutons de la baie de Sambras, qui ont une queue de deux pieds de tour, ça me paraît fort!...

— Et ceux de Malaguette, répondait Léon, qui portent une crinière semblable à celle du Lion!

— A beau mentir qui vient de loin!» répliquait le vieillard en branlant la tête.»

La fin des vacances arriva, sans que, de part ni d'autre, on eût épuisé le sujet; car Léon voyait que ses connaissances relatives à la direction des troupeaux étaient bien superficielles encore; et Petit-Pierre désespérait de savoir jamais tout ce que les érudits ont écrit, tout ce que les savans ont découvert, tout ce que les économistes ont imaginé pour multiplier, et faire prospérer une des branches les plus productives de la prospérité des États.

« Aux vacances prochaines je pourrai t'en apprendre davantage, disait Léon en faisant ses adieux à Petit-Pierre.

— Je l'espère, M. Léon, répondait le vieillard ; et moi je vous raconterai mon histoire ben en détail, puisque c'est votre fantaisie de l'écrire. Mais tâchez de trouver encore dans l'histoire des rois, d'autres princes aussi sages que *l'inventeur* de la toison d'or !

— J'y ferai mon possible, répliqua Léon en riant ; et je te promets que si jamais je deviens roi à mon tour, les bergers et les moutons seront aussi les *joyaux* les plus *précieux* de ma couronne ! »

FIN.

ADOLPHE.

TABLE

FIN DE LA TABLE.